长庆油田公司井控培训系列教材

钻井井控设备与技术

张发展　闫苏斌　编

石 油 工 业 出 版 社

内 容 提 要

本书以成熟的井控基本理论和工艺技术为基础,主要介绍了长庆油田地质特征、现场设备安装与布置、井控设计、井控设备的安装与使用、一级井控关键技术、二级井控关键技术、井喷失控处理技术、钻井井控应急演练、钻井井控监督管理与现场检查等内容。

本书可供从事钻井工程专业的设计人员、甲方人员、工程监督、HSE 监督、井控教师、操作人员参考和培训使用,同时也可作为石油院校相关专业人员的参考书。

图书在版编目(CIP)数据

钻井井控设备与技术/张发展,闫苏斌编 .—北京:石油工业出版社,2017.9

长庆油田公司井控培训系列教材

ISBN 978-7-5183-2133-9

Ⅰ.①钻… Ⅱ.①张…②闫… Ⅲ.①油气钻井-井控设备-技术培训-教材 Ⅳ.①TE921

中国版本图书馆 CIP 数据核字(2017)第 230819 号

出版发行:石油工业出版社

　　　　　(北京安定门外安华里 2 区 1 号　100011)

　　　　　网　址:www.petropub.com

　　　　　编辑部:(010)64269289

　　　　　图书营销中心:(010)64523633

经　　销:全国新华书店

印　　刷:北京中石油彩色印刷有限责任公司

2017 年 9 月第 1 版　2017 年 9 月第 1 次印刷

787×1092 毫米　开本:1/16　印张:14.5

字数:325 千字

定价:45.00 元

前言

　　井控工作是石油天然气勘探开发过程中的重要环节，是油气安全生产工作的重中之重。实现井控本质安全，关键在于提高员工的井控素质。本书参考了中国石油历年井控文件规定、石油行业相关标准、企业相关标准及国内外井控培训教材，以成熟的井控基本理论和工艺技术为基础，从长庆油田地质特征、现场设备安装与布置、井控设计、井控设备的安装与使用、一级井控关键技术、二级井控关键技术、井喷失控处理技术、钻井井控应急演练、钻井井控监督管理与现场检查等关键环节入手，突出井控预防手段，强调现场实践环节，着重规范岗位操作程序。本书可作为井控培训的补充教材。

　　在本书的编写过程中，长庆油田工程技术部张旺宁科长提供了许多资料，并提出了许多宝贵意见，在此表示衷心感谢。

　　尽管我们做了最大的努力，但由于时间仓促，本书难免有不足之处，请各油田具有多年井控经验的专家和读者提出宝贵意见和建议，以便我们进一步完善和修改本书。

编者

2017 年 8 月

目录

第1章 长庆油田地质特征及水平井井控安全风险

1.1 长庆油田石油地质特征概述

1.1.1 长庆油田地理概况

长庆油田地处我国大型的鄂尔多斯沉积盆地（图1-1），面积$37×10^4km^2$。东以吕梁山，南以金华山、嵯峨山、五峰山、岐山，西以桌子山、牛首山、罗

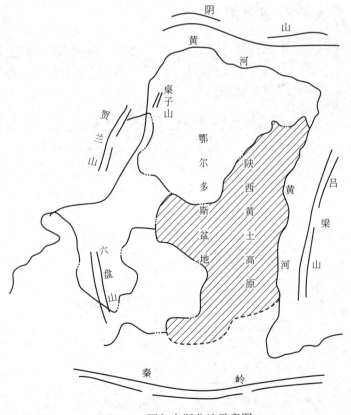

图1-1 鄂尔多斯盆地示意图

山，北以黄河断裂为界，轮廓呈矩形，跨陕、甘、宁、内蒙古、晋五省区，是一个古生代地台及台缘坳陷与中新生代台内坳陷叠合的克拉通盆地，已知沉积岩累计厚度 5~18km。

盆地周边断续被山系包围，山脉海拔一般在 2000m 左右。盆地内部相对较低，一般海拔为 800~1400m，大致以长城为界，北部为干旱沙漠草原区、库布齐沙漠等，南部为半干旱黄土高原区，黄土广布，地形复杂。盆地外围临近三大冲积平原，即贺兰山以东的银川平原、狼山—大青山以南的黄河河套平原、秦岭以北的关中平原，地形平坦，交通便利，物产丰富，为本区油气勘探的发展提供了有利条件。盆地的西北、北、东三面有黄河环绕，盆地内的水系均属黄河水系。泾河、环江、葫芦河、洛河、延河、清涧河、无定河、秃尾河、窟野河等自北西流向东南，汇入黄河。清水河、苦水河、都思兔河自东南流向西北，汇入黄河。沙漠平原区多为间歇河，大多注入沙漠湖泊或盐沼地。地面河流通常流量不大，旱季常干涸无水，且水质不佳，但地下水资源丰富。第四系、白垩系均有含水砂层，可获高产淡水，除满足油田工业及生活用水外，部分还支援了农业。

1.1.2 长庆油田地层概况

鄂尔多斯盆地内沉积盖层有中上元古界、下元古界的海相碳酸盐岩层，上古生界—中生界的滨海相、海陆过渡相及陆相碎屑岩层。而新生界仅在局部地区分布。鄂尔多斯盆地地层划分见表 1-1。

表 1-1　鄂尔多斯盆地地层划分

界	系	统	组	符号	厚度，m	主要运动	主要岩性
新生界	第四系			Q	10~200	喜马拉雅运动 晚期燕山运动	黄土、亚黏土夹黄褐色、浅棕色砂质黏土及砾石层
	古近—新近系			R	0~10		红色黏土、砂砾石层，富含钙质结核
中生界	白垩系	下统	洛河组	K₁l	0~770	早燕山运动	粉红色块状砂岩，局部夹粉砂岩及泥质条带
			宜君组	K₁y			
	侏罗系	中统	安定组	J₂a			顶部为泥灰岩，中部为紫红色泥岩，底部为灰黄色细砂岩
			直罗组	J₂z	10~620		灰绿、紫红色泥岩与浅灰色砂岩互层

续表

地　　层					厚度，m	主要运动	主　要　岩　性
界	系	统	组	符号			
中生界	侏罗系	下统	延安组	J_1y		印支运动	深灰、灰黑色泥岩与灰色砂岩互层，夹多层煤，底为厚层状砂砾岩，含油层系
			富县组	J_1f			厚层块状砂砾岩夹杂色泥岩
	三叠系	上统	延长组	T_3y	1000~1100		上部为泥岩夹粉细砂岩、碳质页岩及煤层，中部以厚层块状砂岩为主夹砂质泥岩、碳质页岩，下部为长石砂岩夹紫色泥岩，含油层系
		中统	纸坊组	T_2z	330~420		上部灰绿、棕紫色泥岩夹砂岩，下部为灰绿色砂砾岩
		下统	和尚沟组	T_1h	100~120		棕红、紫红色泥岩夹同色砂岩及砂砾岩
			刘家沟组	T_1l	260~280		灰色、灰白色块状砂岩夹同色泥岩及砂砾岩
古生界	二叠系	上统	石千峰组	P_3s	250~280	海西期（无明显的构造运动）	下部紫红色砂岩与泥岩互层，上部为棕红色含钙质结核
		中统	上石盒子组	P_2sh	140~160		红色泥岩及砂质泥岩互层，夹薄层砂岩及粉砂岩，上部夹有1~3层硅质层
			石盒子组 下石盒子组 盒5	P_2x_5	20~35		上部为桃花泥岩，下部为浅肉红色、浅灰色含泥细砂岩及泥质砂岩，见含气层
			盒6	P_2x_6	20~35		褐色、灰绿色泥岩、砂质泥岩，浅灰色泥质砂岩，细砂岩

界	系	统	组			符号	厚度，m	主要运动	主要岩性
古生界	二叠系	中统	石盒子组	下石盒子组	盒7	P_2x_7	20~35		浅肉红色、褐灰色、浅灰色泥质砂岩、粉砂岩及中砂岩，含气层系
					盒8	P_2x_8	20~35		浅灰色、灰白色含砾粗砂岩，中粗粒砂岩及灰绿色岩屑石英砂岩（底部为骆驼脖砂岩），主要含气层系
					盒9	P_2x_9	20~40		
		下统	山西组		山1	P_1s_1	40~55		灰色-灰黑色岩屑砂岩、岩屑石英砂岩及含泥砂岩夹黑色泥岩（底部为铁磨沟砂岩），含气层系
					山2	P_1s_2	40~55		灰色、灰白色含砾中粗粒岩屑砂岩、石英砂岩夹薄粉砂岩、黑色泥岩及煤层（底部为北岔沟砂岩），主要含气层系
			太原组		太1	P_1t_1	10~20		东大窑灰岩，6号煤层，斜道灰岩（有时相变为七里沟砂岩）
					太2	P_1t_2	15~25		7号煤层，毛儿沟灰岩，庙沟灰岩，含气层系
	石炭系	上统	本溪组		本1	C_2b_1	20~40		9号煤层，晋祠砂岩（有时相变为吴家峪灰岩），含气层系
					本2	C_2b_2	10~25	加里东运动	铁铝土质岩和砂泥岩，局部夹生物灰岩（畔沟灰岩）
	奥陶系	下统	马家沟		马六	O_1m_6	0~9		灰色、深灰色灰岩和黑色泥岩
				马五1 马五1[1]	$O_1m_{51}^1$		0~12		灰色、灰褐色细粉晶云岩，深灰色泥质云岩夹黑色泥岩；黑褐色云岩、深灰色含泥云岩，含气层系

续表

地　　层					厚度，m	主要运动	主　要　岩　性
界	系	统	组	符号			
古生界	奥陶系	下统	马家沟	马五$_1$ 马五$_1^2$ $O_1m_{51}^2$	0~8		灰色、灰褐色细粉晶云岩，深灰色泥质云岩夹黑色泥岩；黑褐色云岩，深灰色含泥云岩，含气层系
				马五$_1^3$ $O_1m_{51}^3$	0~5		灰褐色、褐色细粉晶云岩，主要含气层系
				马五$_1^4$ $O_1m_{51}^4$	0~6		灰色、深灰色云岩、泥质云岩或灰质云岩夹黑色泥岩，底部为凝灰岩，含气层系
古生界	奥陶系	下统	马家沟	马五$_2$ 马五$_2^1$ $O_1m_{52}^1$	0~4		深灰色、灰黑色含泥云岩、灰质云岩及黑色泥岩
				马五$_2^2$ $O_1m_{52}^2$	0~6.0		深灰色细粉晶云岩，灰黑色含泥云岩、灰质云岩及黑色泥岩，含气层系
				马五$_3^{1~3}$ O_1m_{53}	25~30		灰色、深灰色角砾状云岩、泥质云岩及云岩泥岩，间夹薄灰岩层
				马五$_4$ 马五$_4^1$ $O_1m_{54}^1$	10~15		灰色粉晶云岩（上部），灰黑色泥晶云岩与深灰色云质泥岩、泥质云岩或灰白色硬石膏岩互层，底部为凝灰岩，含气层系
				马五$_4^{23}$ $O_1m_{54}^{2~3}$	25~35		灰色含泥云岩，膏质云岩与泥晶云岩及泥质泥岩互层
				马五$_5$ O_1m_{55}	22~27		灰黑色泥晶灰岩夹黑色泥岩
				马五$_6$			灰色、灰黑色云岩、泥质云岩
	寒武系	上统		ε_3	30~70		灰色厚层、块状、竹叶状白云岩、细晶白云岩和含泥质白云岩互层

界	系	统	组		符号	厚度，m	主要运动	主 要 岩 性
		地 层						
古生界	寒武系	中统		张夏组	$\varepsilon_2 Z$	30~120		深灰色残余鲕粒灰岩夹泥灰岩及生物灰岩
				徐庄组	$\varepsilon_2 X$	30~70		暗紫红色灰质泥岩夹颗粒灰岩
				毛庄组	$\varepsilon_2 m$	30~60	蓟县运动	暗紫红色砂质页岩夹泥灰岩、砂岩
中元古界	长城系				$Pt_2 C$	30~1000	中条运动	肉红色的石英岩状砂岩
下元古代—太古界					$Pt~Ar$			变质岩系

1.1.3　长庆油田地质构造

鄂尔多斯盆地发育于鄂尔多斯地台之上，属于地台型构造沉积盆地。

鄂尔多斯地台原是华北隆台的一部分。早古生代由于地幔上拱，拉开了秦（岭）祁（连）海槽，使中国古陆解体，分裂成塔里木隆台、华北隆台及扬子地台。华北隆台在中生代侏罗纪末是一个统一的整体，至白垩纪东部的山西地区隆起，遂使鄂尔多斯地台与华北隆台分离，形成了独立的盆地。

鄂尔多斯盆地具有太古界及早元古界变质结晶基底，其上覆以中上元古界、古生界、中新生界沉积盖层。

鄂尔多斯盆地基底由太古界及早元古界结晶岩组成，地台的地壳厚度由东南部向西北部逐渐增大。

盆地结晶基底的顶面形态为东高西低、北高南低，呈不对称状，自北而南依次为：伊盟隆起、中部隆起、渭北隆起、西部坳陷、东部隆坳相间区（自北而南为榆林凸起、子长凹陷、延安凸起、宦君凹陷）。结晶基底的构造形态控制着沉积盖层及区域构造形态。

盆地基底以上最早的沉积盖层是中元古界长城系及蓟县系，长城系为陆相滨海相碎屑岩，蓟县系为浅海相藻白云岩。

晚元古代盆地曾因晋宁运动上升为陆，缺失青白口系，后期在局部地区沉积了震旦系罗圈组冰碛泥砾岩。

早古生代又沿地台西南缘拉开了新的秦、祁、贺海槽。秦岭、祁连两支拉开较大，贺兰被遗弃成为坳拉槽。海槽内早古生代地层沉积较厚，秦岭、祁连海槽中为活动型的优地槽或冒地槽，沉积厚度大于5000m。贺兰坳拉槽及地台边缘为稳定型碎屑岩及碳酸盐岩沉积，厚度2000~4000m，盆地北部为古陆，其余部分沉积较薄，一般在800m左右，以稳定陆表海碳酸盐岩为主。

华力西旋回中期，鄂尔多斯地台又发生沉降，进入海陆过渡发育阶段。中石炭世，由原加里东旋回形成的贺兰坳拉槽，在祁连褶皱带推挤作用下重新活动，在坳拉槽及北祁连加里东褶皱带前缘沉积了活动型—克拉通过渡煤系。地台东部则沉积了克拉通内稳定型含煤地层。中部杭锦旗—吴旗—麟游一带为南北向古陆，将祁连、华北海分开。西部沉降幅度大，中石炭统靖远组与羊虎沟组厚400~800m，在中卫及乌达沉积厚达1100余米。东部沉降幅度小，中石炭统本溪组厚度一般在20m左右。燕山旋回中期，盆地西部受到推挤使盆地坳陷部位逐渐向东迁移。

1.1.4 长庆油田地质构造与油气分布的关系

鄂尔多斯盆地油气藏的形成，虽受多种非构造因素的控制，但从地质构造制约盆地的发展，地质构造决定隆坳分布以及盆地边缘冲断带、挠褶带控制油气田分布的具体事实来看，构造对油气富集的作用和影响不能忽视。

1.1.4.1 区域构造条件控制油气生成

盆地在地史演化中的区域构造背景及古构造变异，控制着生油坳陷及生气中心的分布，例如早古生代盆地西南部的台缘坳陷，晚古生代早期的西缘坳拉槽，晚古生代晚期—中生代晚期的克拉通内部盆地，为海相、海陆过渡相、内陆湖泊相油气源岩的形成提供了区域构造条件。古构造的发展又为其热解成熟提供了可能。

储层的发育也受区域构造的控制。

1.1.4.2 构造带控制油气田的分布

鄂尔多斯盆地的构造带，主要分布于盆地的西缘、南缘及东缘。但勘探程度较高，已有重要发现的则仅有西缘冲断构造带，目前已在冲断带的上盘发现了马家滩、摆宴井、大水坑等油田和刘家庄、胜利井等气田。这些油气田的构造类型，多为半背斜或断背斜。盆地南缘及东缘的构造带或因断裂较多油气保存条件不利，或因勘探程度不高，目前尚无重大发现。

1.1.4.3 局部构造控制油气水分布

局部构造控制油气水分布的实例在马家滩油田长10、长8油藏中最为突出。

气顶、含油带及边、底水分异明显。摆宴井油田的延 10、延 6 油藏也有边水存在但无气顶。鼻状背斜油藏中，气顶分布于油藏的高部位，如直罗油田的长 1 油藏。另外，也有大量存在的岩性、地层油藏、油水关系复杂，分异不够明显的实例。

1.1.5 长庆油田石油地质基本特征

现将鄂尔多斯盆地石油地质基本特征归纳为下列五个方面。

（1）本盆地是由不同时代、不同类型沉积盆地叠合的克拉通盆地。

在中晚元古代至古生代，鄂尔多斯盆地是华北陆台的一部分，系华北陆台的西南部，即鄂尔多斯地台。地台的西南缘是与祁连—秦岭地槽相邻的过渡地带，称为台缘坳陷，也称大陆被动边缘。在地台及台缘坳陷中，沉积了槽台过渡型海相碳酸盐岩、碎屑岩，海陆过渡相及纯陆相碎屑岩多为旋回沉积构造。中生代早中期，仍在此大地构造背景下，接受内陆湖沼相碎屑岩沉积，晚三叠世鄂尔多斯沉积盆地轮廓已具雏形，至中生代晚期，吕梁隆起形成，出现封闭的台内坳陷，遂与华北盆地分离，形成独立的鄂尔多斯盆地，自此独立接受了中晚中生代及新生代古近—新近纪、第四纪碎屑岩沉积，叠合在元古代—古生代—中生代早期地台及台绿坳陷之上。

由此可见，鄂尔多斯盆地，在纵向上是中—上元古代—古生代地台及台缘坳陷型盆地与以中生代为主的台内坳陷型盆地的叠合，具双层结构。从总体上看，二者虽经多次地壳运动，但均未发生强烈的褶皱断裂，是一个完整的沉积体，属典型的克拉通叠合盆地。

（2）构造在纵横向上的变异，成为不同油气藏形成的基础。

鄂尔多斯盆地，经过加里东、华力西、印支、燕山、喜马拉雅山等五大构造旋回的变形与改造，在不同部位形成了不同的构造格局，为不同类型油气藏的形成奠定了基础。

下部构造层由中晚元古代至早古生代海相沉积体组成。除具有与上部构造层大体相同的区域构造格局以外，中央古隆起及奥陶系顶面侵蚀岩溶地貌的出现，成为油气藏形成的重要条件。

在中央古隆起侵蚀残丘之上，上部沉积层形成的披盖构造，也是重要的有利含油气区。

鄂尔多斯盆地上部构造层包括晚古生代至新生代沉积体，因为华力西运动以升降运动为主，前二叠系未遭受显著的改造，其构造变形主要发生在中新生代，而以燕山运动为主，区域构造格局变化较大。

（3）沉积的多旋回、多间断形成多套生储盖层组合。

鄂尔多斯盆地在漫长的地史进程中，共有十个大的沉积旋回，四次大的沉积间断,形成多套生储盖组合和多套含油气层。

(4) 两种储集岩性,各有多种成因的储集孔隙。

盆地内储集岩主要有碳酸盐岩及碎屑岩两大类。每一种岩类各具多种不同成因的储集空间。

碳酸盐岩储层的储集空间类型有如下四种:

① 白云岩化形成的晶间孔,在次生白云岩及重结晶白云岩中最为发育。盆地内中元古界蓟县系、下古生界中上寒武统、下奥陶统中白云岩均很发育。发育区主要分布在富县—陇县以南,次为环县—平凉—庆阳地区。

② 高能带的亮晶颗粒灰岩,发育粒间孔隙。

③ 碳酸盐岩被淡水溶蚀后形成的次生溶蚀孔隙,常见于中、下奥陶统石灰岩中。

④ 致密碳酸盐岩分布地区,伴随褶皱断裂也产生了各种构造裂缝,在构造变动强烈的西缘、南缘普遍存在。

碎屑岩的储集空间类型有如下三种:

① 以石英为主要成分的砂岩,原生粒间孔发育,这是碎屑岩中极为重要的储集空间。如侏罗系延安组延 10 油层,三叠系延长组长 1+2 油层、上二叠统下石盒子组及山西组气层,均系此种储集岩。

② 在烃类成熟期排出酸性水,溶蚀长石形成长石溶孔,改善了砂岩的储渗性能。如陕北斜坡安塞油田延长组的长 4+5 油层,陇东延安组宁陕古河东北侧、庆西古河南段两侧的侏罗系延 10 油层等。

③ 酸性水溶蚀砂岩中的沸石胶结物后形成次生孔隙,主要发育于陕北斜坡的安塞—子长—甘谷驿及延河两侧的延长组长 6 油层中。

(5) 地质条件的多变化导致圈闭类型的多样化。

鄂尔多斯盆地发育了各式各样的圈闭,在地层受力较强、变形显著的西缘冲断带,背斜圈闭多见,已发现的有李庄子、摆宴井、马家滩等油田及刘家庄、胜利井等气田。坡较发育,形成大量的隐蔽圈闭,其中有鼻状构造圈闭如马岭、城华、南梁、元城、火水庄、红井子、马坊、油房庄、吴旗等油田;古地貌披盖圈闭及岩性圈闭有直罗、下塞等油田;靖边—横山一带的奥陶系风化壳气藏也属此类。根据盆地发育史及沉积特征推断,尚有可能发育多种构造、地层及非常规圈闭,为盆地油气藏的形成提供有利条件,在鄂尔多斯叠合克拉通盆地内进行油气勘探,要把隐蔽圈闭作为重要勘探对象,才能不断拓展油气勘探领域。

1.2　水平井完井阶段存在的井控安全风险

随着水平井综合能力和工艺技术的发展,特别是水平井的轨迹设计技术,MWD、LW 和导向技术的发展,促生了多种水平井新技术,比如:大位移井钻井技术、分支井钻井技术、大位移水平井钻井技术等，这些技术逐步成为长庆油田开发的重要技术手段。

1.2.1 水平井井身结构设计

1.2.1.1 油井水平井井身结构

长庆油田从 1993 年研究试验水平井技术开始，其井身结构优化过程经历了如下三个阶段：

（1）第一阶段——试验探索阶段。

1993 年施工的塞平 1 井是长庆油田第一口水平井。其井身结构为：一开使用 $\phi 444.5mm$（钻头）$\times \phi 339.7mm$（表层套管）$+\phi 311.2mm \times \phi 244.5mm$（技术套管封固上部复杂地层）$+\phi 215.9mm \times \phi 177.8mm + \phi 139.7mm$（复合生产套管）（图 1-2）。

（2）第二阶段——完善优化阶段。

1995~1996 年经过钻井技术的不断探索研究，并经过钻进实践，塞平 2、3、4 井对生产套管柱进行了再优化，采用了 $\phi 339.7mm + \phi 244.5mm + \phi 139.7mm$ 的井身结构，该结构 $\phi 244.5mm$ 技术套管只封固到造斜点以上的直井段（图 1-3）。

（3）第三阶段——成熟推广阶段。

1996 年，塞平 5、塞平 6 井以后取消了技术套管的井身结构，采用 $\phi 244.5mm + \phi 139.7mm$ 结构（图 1-4），取得了良好的效果，满足了增产改造要求，钻井速度充分解放，成本大幅下降，目前油井水平井多沿用此种井身结构。

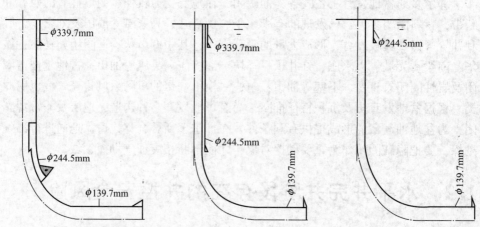

图 1-2 塞平 1 井井身结构　图 1-3 塞平 2、3、4 井井身结构　图 1-4 塞平 5、6 井井身结构

1.2.1.2　天然气水平井井身结构

由于长庆天然气水平井分布较广，地层变化较大，目前还没有形成成熟的井身结构模式。这里只展示相关水平井的井身结构。

（1）苏里格气田水平井井身结构。

2001~2002 年，在苏里格地区先后钻成了 2 口气井——苏平 1 井和苏平 2 井。这 2 口气井均采用了先打领眼，再侧钻水平井的方法。苏平 2 的井身结构在苏平 1 的基础上更为优化，两口井的水平井均为 $\phi152.4$mm 井眼，水平段长 800m 以上。

2007 年，为满足水力喷射压裂增产的需要，苏里格气田水平井水平段采用了 $\phi139.7$mm 套管完井，因此苏平 14-13-36 井根据井身结构设计原则，采用的井身结构为：$\phi311.2$mm 钻头钻直井段、斜井段，$\phi215.9$mm 钻头钻水平段。

苏平 1 井不但井眼尺寸大，而且套管层次多，井身结构复杂，如图 1-5 所示。

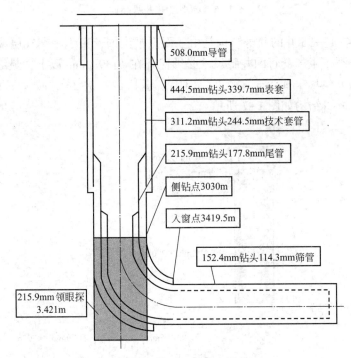

图 1-5　苏平 1 井井身结构

508.0mm 导管

444.5mm 钻头 339.7mm 表套

311.2mm 钻头 244.5mm 技术套管

215.9mm 钻头 177.8mm 尾管

侧钻点 3030m

入窗点 3419.5m

152.4mm 钻头 114.3mm 筛管

215.9mm 领眼探 3.421m

苏平 2 井相对苏平 1 井而言，在保证生产套管尺寸不变的基础上，不但上部井眼尺寸减小（从 $\phi444.5$mm 缩小到 $\phi346.0$mm），而且节省了一层 $\phi244.5$mm 技术套管，施工顺利，缩短了周期，节约了钻井费用，苏平 2 井井身结构如图 1-6 所示。

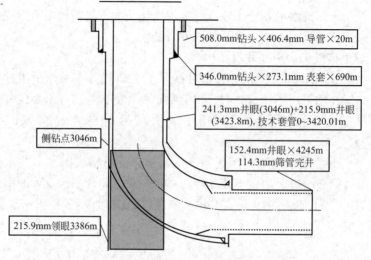

508.0mm钻头×406.4mm 导管×20m

346.0mm钻头×273.1mm 表套×690m

241.3mm井眼(3046m)+215.9mm井眼
(3423.8m),技术套管0~3420.01m

152.4mm井眼×4245m
114.3mm筛管完井

侧钻点3046m

215.9mm领眼3386m

图 1-6　苏平 2 井井身结构

苏平 14-13-36 井的井身结构是由下而上推出的，由于后期气层改造要实施水力喷射压裂，生产套管的井眼尺寸必须保证在 $\phi139.7$mm 以上，最终确定一开井眼尺寸为 $\phi444.5$mm。与苏平 1 井相比，苏平 14-13-36 井减少了 $\phi244.5$mm 技术套管，井身结构如图 1-7 所示。

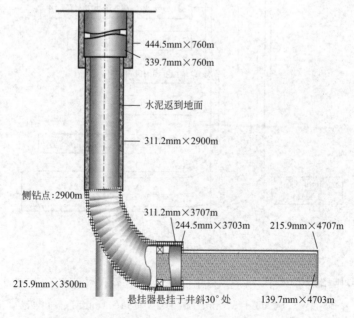

444.5mm×760m

339.7mm×760m

水泥返到地面

311.2mm×2900m

侧钻点:2900m

311.2mm×3707m

244.5mm×3703m

215.9mm×4707m

215.9mm×3500m

悬挂器悬挂于井斜30°处

139.7mm×4703m

图 1-7　苏平 14-13-36 井的井身结构

（2）靖边气田井身结构。

龙平 1 井为靖边气田第一口水平井，施工中由于煤层坍塌，不能顺利钻进，中途改变了井身结构。

靖平 27-16 井是靖边气田第二口水平井，其井身结构进行了简化：

$\phi339.7mm+\phi244.5mm+\phi177.8mm+\phi114.3mm$。

与龙平 1 井相比，钻井周期减少了 82d，机械钻速提高了 3.4%。

1.2.2　水平井完井阶段存在的井控安全风险防范措施

1.2.2.1　下尾管工艺完井

下尾管工艺完井（水力喷射）作业工序如图 1-8 所示。

图 1-8　下尾管工艺完井（水力喷射）作业工序

井控安全风险防范措施如下：

（1）钻井队下完尾管起钻具前，应充分循环钻井液，测油气上窜速度，根据油气上窜速度计算井筒钻井液稳定周期，确认无异常情况时，起钻并更换试气防喷器。

（2）下油管（2000m）前，应保持井筒内原有钻井液性能不变；下油管过程中，要加强坐岗观察，重点观察井口液面及返出液量。

（3）下油管后要充分循环钻井液，测油气上窜速度，为下一步更换采气井口提供依据。

（4）钻井队更换试气防喷器及安装采气井口过程中，要加强坐岗及气体检测，试气队要紧密配合，以最短时间完成拆装作业。

（5）钻机搬离井场后，试气单位应派专人现场进行监控，观察采气井口压力表变化。

（6）试气队拆卸采气井口前，应检测井口有无压力，确认无异常的情况下再进行拆卸作业。

（7）试气队在起油管过程中按要求及时向井筒内灌液体，始终保持液面在井口。

1.2.2.2　裸眼封隔器（压缩式、遇油膨胀式）分段压裂工艺完井

裸眼封隔器（压缩式、遇油膨胀式）分段压裂工艺完井作业工序如图1-9所示。

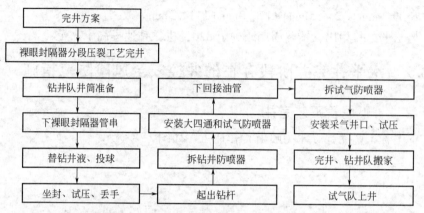

图1-9　裸眼封隔器（压缩式、遇油膨胀式）分段压裂工艺完井作业工序

井控安全风险防范措施如下：

（1）入井工具到现场后，必须由合同签订方、项目组、监督等相关方现场检查、验收确认，无问题后方可入井。

（2）下完管串丢手后，起钻杆前应按要求充分循环，除去后效。

（3）下完井管串及起钻杆时，钻井液密度不得低于完钻钻井液密度，要及时做好灌浆工作，并做好坐岗观察。

（4）钻井队拆卸钻井防喷器、安装试气防喷器过程中，要加强坐岗及气体检测，试气队要紧密配合，以最短时间完成拆装作业。

（5）投球、验封、工具串丢手、油管回接等关键环节作业中的施工参数，甲方监管人员、钻井队及试气队伍等相关方均要监控，并进行书面签字确认。

（6）钻井队在未完成作业前，所有的井控设备、固控设备、钻井液循环罐及监测设施应处于待命工况，严禁拆除防喷器，严禁提前清空钻井液循环罐。

1.2.2.3　裸眼不动管柱水力喷射分段压裂工艺完井

裸眼不动管柱水力喷射分段压裂工艺完井作业工序如图1-10所示。

井控安全风险防范措施如下：

（1）钻井队在最后一趟通井（下完井管串前的井筒准备）起钻前，应充分循环钻井液，测油气上窜速度，根据油气上窜速度计算井筒钻井液稳定周期，确认无异常情况时，起钻并更换试气防喷器。

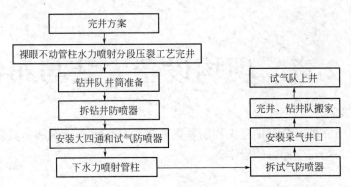

图 1-10　裸眼不动管柱水力喷射分段压裂工艺完井作业工序

（2）钻井队下完井管串过程中，要加强坐岗观察，重点观察井口液面及返出液量。

（3）钻井队下完管柱后要充分循环钻井液，测油气上窜速度，为更换采气井口提供依据。

（4）钻井队更换试气防喷器及安装采气井口过程中，要加强坐岗及气体检测，试气队要紧密配合，以最短时间完成拆装作业。

（5）钻机搬离井场后，试气单位应派专人现场进行监控，观察采气井口压力表变化。

在现场施工中，要高度重视水平井完井阶段的井控工作，作业过程中，认真落实井控措施，明确各施工方职责界限，统一协调，组织施工，确保安全完井。

第2章 现场设备安装与布置

本章介绍井控安全对钻前工程的基本要求，井场设备、设施布置应当遵循的基本原则及井场安全标志的设定。

2.1 钻前工程现场布置技术要求

2.1.1 现场布置原则

（1）根据自然环境、钻机类型及钻井工艺要求确定钻井设备安放位置。

（2）充分利用地形，节约用地，方便施工。

（3）满足防喷、防爆、防火、防毒、防冻、防洪防汛等安全要求。

（4）在环境有特殊要求的井场布置时，应有切实的防护设施。

（5）有利于废弃物回收处理，防止环境污染。

（6）钻机井架和动力基础应选在挖方处。

2.1.2 井场及大门方向的确定

根据 SY/T 5466—2013《钻前工程及井场布置技术要求》的规定确定井场及大门方向。

2.1.2.1 井场方向的确定

（1）以井口为中点，以井架底座的两条垂直平分线的延长线为准线，划分井场的前、后、左、右。

（2）以与大门平行的井架底座的垂直平分线为准线，大门所在区域为前。

（3）站在大门前方的准线上，面对大门，准线左侧区域为左，准线右侧区域为右。

2.1.2.2 大门方向的确定

（1）大门方向应符合 SY/T 6426—2005《钻井井控技术规程》要求。

（2）井场大门方向应考虑风频、风向，大门方向应朝向盛行季节风。

（3）井场道路应从前方进入，大门方向应面向进入井场的道路。

（4）含硫油气田的井大门方向，应面向盛行风。

2.1.2.3　井场入口处应设置简易大门

井场简易大门外侧应设置入场须知牌，对可能遇硫化氢的作业井场应有明显、清晰的警示标志，并遵守以下要求：

（1）井处于受控状态，但存在对生命健康的潜在或可能的危险［硫化氢浓度小于 $15mg/m^3$（10ppm）］，应挂绿牌。

（2）对生命健康有影响（硫化氢浓度 $15mg/m^3 \sim 30mg/m^3$），应挂黄牌。

（3）对生命健康有威胁（硫化氢浓度大于或可能大于 $30mg/m^3$），应挂红牌。大门内侧也应有井场平面布置图、提卡牌。

（4）井场应封闭，应在前后场分别留有紧急集合点及出口，并有明显标识。

2.1.3　井位的确定

（1）根据勘探或开发部门给定的井位坐标，由施工单位实地勘测确定地面井口位置，待基础施工结束后必须复测井位。

（2）含有毒有害气体的油气田的井，应以使其周围居民不受有毒有害气体扩散影响为准则。一般油气井井口距高压线及其他永久性设施的距离应不小于 75m，距民宅不小于 100m，距铁路、高速公路不小于 200m，距学校、医院和大型油库、河流、水库等人口密集性、高危性场所不小于 500m，距矿产采掘井巷道不小于 100m。营地和井口的安全距离为气井不小于 300m，油井不小于 100m。安全距离如果不能满足上述规定，应组织相关单位进行安全、环境评估，按其评估意见处理。

（3）含有毒有害气体油气田的井，井场应选在较空旷的位置，尽量在前后或左右方向能让盛行风畅通。

（4）井口距堤坝、水库的位置应根据国家水利部门的有关规定执行。

（5）当井位的地理条件难以满足施工要求时，移动井口的位置要呈报建设单位，取得同意后方可施工。

2.1.4　井场的确定

井场应满足钻机主要设备、辅助设施、沉砂池、污水池、生产用房等和井场道路布置要求。

2.1.4.1　井场尺寸的要求

井场尺寸的要求见表 2-1。

表 2-1 井场面积标准

井类	井型	钻机类别	长度 (不小于), m	宽度 (不小于), m
油井	单井	各类钻机	80	40
	水平井	各类钻机	80	60
	丛式井	单排方向上每增加一口井, 井场长度增加 4.5m		
气井	单井	40 型及以下钻机	100	60
		40 型以上钻机	110	70
	丛式井	单排方向上每增加一口井, 井场长度增加 10m		

2.1.4.2 井场压实度要求

油井单井挖方（实方）不小于 50m×35m；丛式井常规区域每增加 1 口井，挖方加长 4.5m，高气油比区块挖方加长 5~5.5m。气井单井挖方（实方）不小于 70m×50m；丛式井每增加一口井，挖方加长 10m。

2.1.4.3 井场平面要求

（1）井场应平坦坚实，能承受大型车辆的行驶。

（2）井场应满足钻井设备的布置及钻井作业的要求。

（3）井场中部应稍高于四周，以利于排水。

（4）井场、钻台下、机房下、泵房要有通向污水池的排水沟。

（5）雨季时，井场周围应挖环形防洪排水沟，钻井液大土池和废液池周围要有截水沟，防止自然水侵入。

（6）井场应布置利于污水处理设施。

（7）井架绷绳锚坑或绷绳墩位置应按各种类型钻机的井架安装说明书执行。

（8）在草原、苇塘、林区的井，布置井场时应按照防火、防爆、防污染等国家及地方法规执行。

（9）在河床、湖泊、水库、水产养殖场钻井时，井场应设置防洪、防腐蚀、防污染等安全防护设施。

（10）在沙漠布置井场应注意防风、防沙。

（11）农田内井场四周应挖沟或围土堤，与毗邻的农田隔开。井场内的污油、污水、钻井液等不得流入田间或水溪。实施欠平衡钻井作业时还应在井场两侧分别增加一个容积不小于 1000m³ 的燃烧池和放喷池，池体高度应在 2m 以上，池体中心点距井口应在 75m 以上。

（12）井场水平高差不超过 0.5m（井场长、宽每 10m，水平高差不超过 0.1m），井架、机泵房地平面水平高差不超过 0.14m，且稍高于四周，形成 1%~

2% 的坡度，利于排水。

（13）井场施工时，边坡长度小于 10m 时，坡度比例为 1：0.4，大于 10m 时应结合地质条件综合考虑；崖坡高度每超过 10m，加留一处平台，宽度不小于 1m。

2.1.5　钻井液池修建规范

（1）钻井液池由钻井单位确定具体开挖位置，由钻前施工单位按钻井液池施工标准修建。

（2）钻井液上水池布置在井场的后场，沉砂池布置在钻机的一侧（实方位置），如需增加沉砂池容积，应在原基础上沿大门方向继续前挖。

（3）油井钻井液池内侧边缘距井口的距离不小于 12m，气井钻井液池内侧边缘距井口的距离不小于 20m。

（4）钻井液池大小应不小于表 2-2 的要求。

表 2-2　钻井液池容积标准

井类	井型	标准（长×宽×深）
油井	单井	40m×5m×4m（沉砂池）+20m×5m×4m（上水池）
	丛式井	每增加 1 口井，沉砂池容积增加 200m³
气井	单井	40m×18m×4m（沉砂池）
	丛式井	每增加 1 口井，沉砂池容积增加 300m³

注：表中尺寸为池底尺寸。

2.1.6　生活区场地修建规范

（1）生活区原则上应选择在井口上风向位置，尽量避开沟崖、滑坡、塌方等危险地带，选择在地势较为平坦、地质条件较为稳定、便于排水的地带。

（2）钻井队生活区与井场设施应分开摆放。常规油井区的生活区距井场边缘的距离应不小于 50m；高气油比区域的生活区与井场边缘距离应不小于 200m；气井生活区与井场边缘距离应不小于 200m。

（3）生活区场地的修建面积应满足所有生活设施的摆放需求。

2.1.7　钻前道路修建规范

（1）应避开易滑坡、坍塌、泥沼等不良地段，按照通行安全、经济实用的原则选择线路，充分利用原有道路。

（2）平坦地段修筑钻前道路，路基宽度应不小于7m，有效路面不小于6m。山区修筑钻前道路应因地制宜，路基宽度应不小于6m，有效路面应不小于5m。

（3）转弯处曲率半径不小于18m，路面宽度不小于8m。

（4）在多弯、相互不能通视处应设置会车道。一般每间隔250~400m修一处会车点，会车点路面宽8m、长度大于20m。

（5）道路纵坡坡度一般不大于15%（8°），局部复杂路段最大不超过36%（20°），确保各种施工车辆正常通行。

2.1.8　基础选型与布置的技术要求

（1）设备基础应根据钻机型号及其组合载荷进行设计。

（2）设备基础可采用钢筋混凝土基础、钢管排基础、钢木基础或其他类型的基础。

（3）基础要求：

同组基础表面标高偏差不超过±5mm，平面位置以中心线为准，偏差不超过40mm。基础四周用井场土围填并夯实，基础四周围填土不得高于基础上表面。

（4）设备基础地基承载能力应不小于0.15MPa，遇不良地基应进行技术处理。

（5）冻土地区现浇混凝土基础的基底应埋入冻结线以下250mm。

（6）为防止基础积水，基础之间的地表应进行防渗漏保护处理，并有排水措施。

2.1.9　井场环保

（1）在钻井工程设计和施工中，环境保护按照SY/T 6629—2005《陆上钻井作业环境保护推荐作法》的要求执行。

（2）井场内应有良好的清污分流系统。

（3）井场后（或右）侧应修建钻井液储备池（罐）。净化系统一侧应修建废液处理池，配备废液处理装置。振动筛附近应修建堆砂坑。

（4）钻井液储备池（罐）、废液处理池、堆砂坑容积按钻井设计执行，对于丛式井、多底井等特殊工艺井应增加容积。

（5）钻井液储备池、废液处理池、堆砂坑、储油区应采取防渗漏及其他防污染措施。

（6）发电房和油罐区四周应有环形水沟，并配备污油回收罐。

2.2 井场设备、设施布置

2.2.1 设备布置

（1）根据大门方向及不同钻机类型布置井架底座、绞车、柴油机及联动机、电动机、钻井泵的位置。

（2）柴油机排气管出口要避免指向油罐区。

（3）含有毒有害气体油气田的井，所有设备的安放位置应按照 SY/T 5087—2005《含硫油气井安全钻井推荐作法》的要求执行。

（4）设备应编号并按顺序进行摆放。

2.2.2 净化系统

（1）循环罐布置在井场的右侧。

（2）高架钻井液槽应设置一定的坡度并满足录井要求。

（3）除气器、除砂器、除泥器、离心机依次安装在循环罐上。

（4）井场沉砂池、污水池的容积按钻井设计执行，对于丛式井、多底井等特殊工艺井应增加容积。

（5）钻井液储备罐如果未配供给、输出设施，储备罐底座位应高于钻井液循环罐顶面 500mm 以上；钻井液储备罐如果配备有相应的供给、输出设施，则储备罐可不配高支架，底座可与钻井液循环罐底座处于同一平面上。水罐应满足钻台正常用水；储油高架罐底座应高于柴油机供油箱顶部 200mm 以上。

（6）钻井液材料应摆放在配浆设备附近，并上盖下垫。

（7）循环罐与钻井液池边沿距离不小于 1.5m。

2.2.3 发电房及油罐

2.2.3.1 机械钻机

（1）发电房应布置在井场的左方。

（2）油罐区应布置在井场的左后方。

（3）发电房、油罐区到井口的距离应不少于 30m，发电房与油罐区之间距离不少于 20m，特殊情况应有隔离措施。

2.2.3.2 电动钻机

（1）发电机组和电控房（SCR/MCC）应并放置于井场的后方。

（2）油罐区应布置在发电机组的后方或左后方。

（3）发电房、油罐区到井口的距离应不少于 30m，发电房与油罐区的距离之间距离不少于 20m，特殊情况应有隔离措施。

2.2.4　井控设备

（1）安装时防喷器等井控装备，要求各连接法兰螺栓齐全，对称上紧，钢圈上平，螺栓两端外螺纹均匀露出。

① 防喷器与防溢管用螺栓连接，不用的螺孔用丝堵保护。

② 防喷器安装完毕后，应校正使其与井口、转盘中心偏差不大于 5mm。用直径 16mm 以上的钢丝绳、在井架底座的对角线上四周绷紧固定。

③ 配置防喷器应符合 SY/T 5053.2—2007《钻井井口控制设备及分流设备控制系统规范》或《长庆油田石油与天然气钻井井控实施细则》的规定。

（2）远程控制台应安装在大门左前方、距井口不小于 25m 的专用活动房内，并在周围保持 2m 以上的行人安全通道，距放喷管线、压井管线应有 5m 以上的距离，周围 10m 内不得堆放易燃、易爆、腐蚀物品。远程控制台电源应从配电房用专线接出，用单独开关控制。

（3）司钻控制台安装在钻台司钻操作右侧，固定牢固。

（4）压井管汇安装在井场左侧，平直安装在四通平板阀的外侧。YG-21 压井管汇配 25MPa 的压力表；YG-35 压井管汇配 40MPa 的压力表，其技术要求执行 SY/T 5323—2016《石油天然气工业 钻井采油设备 节流和压井设备井系统》或《长庆油田石油与天然气钻井井控实施细则》要求。

（5）节流管汇应安装在井场右侧，平直安装在四通平板阀的外侧。型号 JG 21—103 节流管汇配 25MPa 和 10MPa 的压力表各一块；JG-35 节流管汇配 40MPa 和 15MPa 的压力表各一块。其技术要求执行 SY/T 5323—2016《石油天然气工业 钻井采油设备 节流和压井设备》或《长庆油田石油与天然气钻井井控实施细则》要求。

（6）放喷管线安装执行《长庆油田石油与天然气钻井井控实施细则》第二十三条的要求，其通径不小于 75mm，每隔 10~15m 用 U 形卡子固定，油井接出井口 50m 以外，气井接出井口 75m 以外。含有毒有害气体油气井放喷管线的安装执行 SY/T 5087—2005《含硫化氢油气井安全钻井推荐作法》的要求。

2.2.5　固井施工现场设备

（1）固井施工前，由钻井队负责清理施工场地杂物、垫杠及管材。

（2）固井车到井后，应按图 2-1 要求摆放固井设备，特殊情况下也可根据实际情况进行适当调整，并设置隔离带。

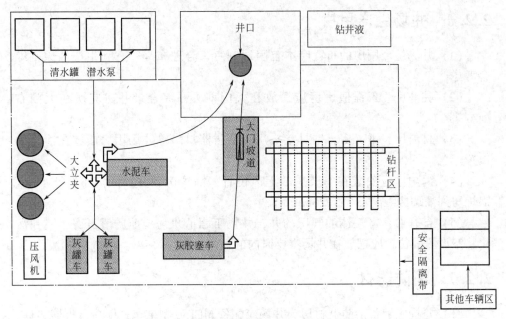

图 2-1　固井施工现场设备摆放示意图

（3）供水车准备要求。

供水管线不刺不漏，供水畅通，保证足够的供水量。

（4）水泥车准备要求。

① 水泥车泵出口端朝向管汇车或分配器，水泥车与管汇车或分配器间要留有一定的空间，便于灰罐车进出。

② 管线长度适宜，连接可靠，试压 15MPa 不刺不漏。

③ 每次施工前根据施工压力要求换好保险销钉，压力传感器系统灵活可靠，流量计灵敏准确。

④ 备用车停放位置要便于替换，发动柴油机泵运转正常，以备使用。

（5）灰罐车准备要求。

① 按所装灰类（先低密度后高密度）的次序摆放。

② 检查好各类阀门，灰、气管线畅通，仪表灵敏，并气化等待施工。

（6）管汇车及水泥头准备要求。

① 向钻台吊水泥头、高压管线时要防碰、防刮，防管线打扭，要用引绳，防下落伤人。

② 井口工具及管线连接配件齐全。

③ 检查水泥头挡销及胶塞，挡销开闭灵活，待钻井液循环好后接水泥头。

水泥头与套管连接正确，牢固可靠。

2.2.6 井场生产用房

（1）井场生产用房的布置应本着因地制宜、合理布局、有利生产的原则综合考虑。

（2）驻井房、工程值班房应摆放在大门前方，综合录井房应摆在大门右前方。

（3）材料房、钳工房、钻具接头房、消防器材房等井场用房摆放在适当的位置。

（4）锅炉房应安装在季节风的上风位置，锅炉房到井口距离不少于50m。锅炉房到油罐区距离不少于20m。

（5）含有毒有害气体油气田的井，井场工程值班房、地质值班房、钻井液化验室设置的位置应摆放在井场主要风向的上风方向。

2.2.7 消防器材

（1）井场应配备消防器材房，井场应配备MFT50型推车式干粉灭火器2具、MFT35型推车式干粉灭火器3具、MFZ 8kg干粉灭火器10具、5kg二氧化碳灭火器2具、3kg二氧化碳灭火器5具、消防砂4m³、消防斧2把、消防锹6把、消防桶8只、消防毡10条、10马力消防专用水泵1个、专用消防栓或快速接口一个、75m长消防水带1根、直径19mm直流水枪2支。消防专用水泵、专用消防栓或快速接口、消防水带、直流水枪接口要相互匹配。这些器材均应整齐清洁的摆放在规定位置。

（2）含有毒有害气体油气田消防器材房的摆放按SY/T 5087—2005《含硫化氢油气井安全钻井推荐作法》的要求执行。

（3）在井场左前方靠井场边沿和左后方发电房前堆放消防砂各2m³。

2.2.8 井场电路

（1）井场电路宜采用YCW防油橡套电缆，规格应按照用电设备的额定功率予以选择。

（2）井场照明配备防爆灯具，位置和数量见表2-3。

（3）井场电路安装要求。

① 井场电路应安全防爆（隔爆）。

② 井场线路应用防爆插接件或接线铜鼻子连接，连接应紧密牢靠、整洁干净，不允许用螺帽直接压接电缆接头。

③ 井场线路应敷设在管线槽内，动力线敷设在主槽内，信号线和通信线敷设在辅槽中，管线槽应敷设在地面上。

表 2–3　井场照明配备防爆灯具位置和数量

钻机型号	井架	机房	循环罐	场地	泵房
	数量，只	数量，只	数量，只	数量，只	数量，只
ZJ70	14	6	8	2	2
ZJ50	14	6	8	2	2
ZJ40	14	6	5	2	2
ZJ30	12	6	5	1	2
ZJ20	12	5	3	1	2

2.2.9　井场安全防护设施

（1）井场安全防护设施和检测仪器配备应符合勘探局《安全防护设施及检测仪器监督管理办法》规定。

（2）气井和含有毒有害气体区域的油井：应配备固定式八通道复合式气体检测仪一套，检测仪探头放置于现场有毒有害气体易泄露区域（井口、振动筛、钻井液循环罐、司钻或操作员位置），主机安装在井控坐岗房内（无坐岗房的井场安装在工程值班房）；并且至少应配备便携式复合气体检测仪 5 只（值班干部、当班司钻、副司钻和坐岗人员应随身佩带）；正压空气呼吸器 10 套，正压空气呼吸器应放置在钻台偏房 4 套、机房 2 套、循环罐区 2 套、工程值班房 2 套。其他油井至少应配备便携式复合气体检测仪 2 只、正压空气呼吸器 6 套（钻台 4 套、循环罐区 1 套、工程值班房 1 套）。

（3）钻井现场应配备接地电阻检测仪 1 台、二层台紧急逃生装置 1 套、云梯攀升保护器（防坠落装置）1 套、高压呼吸空气压缩机 1 台。

（4）钻井现场安全防护设施和检测仪器由钻井队副队长专责管理，要保证其处于良好的备用状态。

2.2.10　其他设施

（1）欠平衡钻井及其他特殊工艺井增加设施的布置应满足安全施工要求。

（2）钻井液材料应摆放在混合漏斗或加重泵处。

2.3　井场安全标志

（1）含有毒有害气体油气井在井场入口、钻台、振动筛、远控房等处设置风向标，其中一个风向标应挂在正在场地上的人员以及任何临时安全区的人员都容易看到的地方。

（2）在井场入口处设置"必须穿工衣""禁止非工作人员入内""进入井场禁带手机、火种""必须穿工鞋""严禁吸烟"标志。

（3）在井场设置"停车场""紧急集合地点"标志。

（4）在上钻台处设置"注意安全""必须戴安全帽""必须系安全带""必须穿工衣""当心机械伤人""当心地滑""当心触电""必须戴安全眼镜""必须戴手套""严禁吸烟"等标志。

（5）在钻台逃生滑道处设置"紧急逃生装置"标志。

（6）在振动筛处设置"严禁吸烟""当心触电"标志。

（7）在油罐区设置"严禁烟火"标志。

（8）在钻井液罐区设置"配钻井液时戴防溅眼镜""配钻井液时戴滤尘面罩""配钻井液时戴橡胶围裙""配钻井液时戴橡胶手套""眼睛冲洗瓶""限制区域，未经许可、不得入内""当心坑洞"标志。

（9）在泵房处设置"高压危险""正在修理，禁止开泵"标志。

（10）在电控房处设置"只允许指定人员入内""当心触电"标志。

（11）在机房设置"必须戴耳塞"标志。

（12）在配电房处设置"高压危险，不得靠近""正在修理，严禁合闸""当心触电"标志。

（13）在发电房处设置"当心触电""必须戴耳塞"标志。

（14）在远控房处设置"危险，该机械能自动启动""注意，只允许指定人员操作"标志。

（15）在气源房处设置"危险，该机械能自动启动"标志。

（16）在水罐处设置"注意，非饮用水"标志。

（17）在钳工房设置"必须戴焊接面具""当心触电"标志。

（18）在有毒有害场所设置"当心有毒有害气体中毒"标志。

（19）安全标志图案应符合 SY/T 6355—2010《石油天然气生产专用安全标志》的规定。

第3章 井控设计

　　《中国石油天然气集团公司石油与天然气钻井井控规定》：井控设计是钻井地质和钻井工程设计的重要组成部分，井控设计是井控工艺、井控装置、井控规定和标准的集中体现和综合应用，是确保对油气井压力实现有效控制的源头和依据。井控设计包括满足井控安全和环保要求的钻前工程及合理的井场布置、全井段的地层孔隙压力和地层破裂压力剖面、钻井液设计、合理的井身结构、井控装备设计、有关法规及应急计划等内容。

　　井控设计必须遵守以下原则：

　　（1）全过程控制。从开始到完钻整个过程中，不论进行任何作业都能进行控制。

　　（2）全面控制。对地层—井眼系统各个有关压力及整体压力系统都能进行控制。

　　（3）有效控制。不论是静态还是动态都能使整个压力系统保持平衡，而不能失控。

　　（4）合理控制。所选择的井控装置，既能有效控制油气的溢流和井喷，又有利于提高钻速，简化地面装置。

　　钻井井控设计的主要依据如下：

　　（1）以 SY/T 6426—2005《钻井井控技术规程》以及《中国石油天然气集团公司石油与天然气钻井井控规定》、《钻井井控实施细则》为主的标准性文件。

　　（2）中国石油集团公司下发的关于井控方面的规范、规定性文件。

　　（3）针对不同地区地质特点的各油田领导批示意见。

3.1　地质设计

3.1.1　地质设计的目的

　　钻井地质设计是地质录井、编制钻井工程设计、测算钻井工程费用等工作的基础，是降低油气勘探开发成本、保护油气层、提高投资效益的关键，是保证安全钻井、取全取准各项资料的指导书。钻井地质设计涉及面广，它的科学性、先进性、可操作性及准确性，将直接影响到地质资料的录取、整理和分析，而且影响到对油气层的识别和评价，最终影响到油气勘探开发的效果和进程。

3.1.2 地质设计的内容

3.1.2.1 探井地质设计的主要内容

（1）基本数据：井号、井别、井位（井位坐标、井口地理位置、测线位置）、设计井深、钻探目的、完钻层位、完钻原则、目的层等。

（2）区域地质简介：区域地层、构造及油气水情况、设计井钻探成果预测等。构造描述应包括构造展布、形态、走向；主断层的发育（走向、断距）及对次级断层的影响；次断层的分布特征及井区的断层发育状况。地层概况描述首先描述探区内地层岩性、标准层、倾角及特征；然后叙述生、储油层的岩性、厚度、物性及流体特性；邻井的实钻情况描述，包括地层分布、岩石电性及录井和试油。设计井应自上而下按地质时代描述岩性、厚度、产状、胶结程度及分层特征；断层、漏层、超压层、膏盐层及浅气层等特殊岩性段要进行详细描述。探井必须做地质风险分析，分析内容主要包括地层变化、构造形态和断层分布，给钻井工程设计以提示。

（3）设计依据：设计所依据的任务书、资料、图解等。

（4）钻探目的：根据任务书分别说明主要钻探目的层、次要钻探目的层或是要查明的地层剖面、落实的构造。

（5）预测地层剖面及油气水层位置：邻井地层分层数据、设计井地层分层数据、设计井地层岩性简述、预测油气水层位置。

（6）地层孔隙压力预测和钻井液性能及使用要求：邻井地层测试成果、地震资料压力预测成果、邻井钻井液使用及油气水显示情况、邻井注水情况、设计井地层压力预测、设计井钻井液类型及性能要求。

（7）取资料要求：岩屑录井、钻时录井、气测或综合录井仪录井、地质循环观察、钻井液录井、氯离子含量分析、荧光录井、钻井取心、井壁取心、地球物理测井、岩石热解地化录井、选送样品要求、中途测试等。

（8）井身质量及井身结构要求：井身质量要求，套管结构，套管外径、钢级、壁厚、阻流环位置及水泥上返深度，定向井、侧钻井、水平井中靶要求（方位、位移、稳斜角、靶心半径等）。

（9）技术说明及故障提示：浅气层提示，工程施工方面的要求，保护油气层的要求，保证取全资料的要求，施工中可能发生的井漏、井喷等复杂情况等。在可能含硫化氢等有毒有害气体的地区钻井，地质设计应对其层位、埋藏深度及含量进行预测。

（10）地质设计明确试油层位和试油方法，提出试油要求。

（11）应根据不同勘探阶段和井区地表条件综合考虑确定弃井的方式和方法。

（12）地理及环境资料：气象、地形、地物资料。地质设计中应标注说明如煤矿等采掘矿井坑道的分布、走向、长度和距地表深度；江河、干渠周围钻井应标明河道、干渠的位置和走向等。

（13）附图附表：钻井地质设计文本中必须附全所有附图和附表，附图中应有详细标注，并符合有关技术标准或规范。

（14）设计的变更和施工计划（包括施工工序、进度及非正常作业）的变更应在设计文本中有明确的要求及批准程序。

3.1.2.2 开发井钻井地质设计的主要内容

开发井地质设计根据钻探目的要求，参照探井的地质设计内容。

3.1.3 地质设计应考虑的井控因素

（1）地质设计书中提供的井位必须符合以下条件：油气井井口距离高压线及其他永久性设施不小于75m，距民宅不小于100m，距铁路、高速公路不小于200m，距学校、医院、油库、河流、水库、人口密集及高危场所等不小于500m。若安全距离不能满足上述规定，由油（气）田公司与管理（勘探）局主管部门应组织相关单位进行安全评估、环境评估，按其评估意见处置。含硫油气井应急撤离措施参见 SY/T 5087—2005《含硫油气井安全钻井推荐作法》有关规定。

（2）进行地质设计前应对井场周围一定范围内的居民住宅、学校、厂矿（包括开采地下资源的矿业单位）、国防设施、高压电线、水资源情况和风向变化等进行勘察和调查，并在地质设计中标注说明；特别需标注清楚诸如煤矿等采掘矿井坑道的分布、走向、长度和距地表深度；江河、干渠周围钻井应标明河道、干渠的位置和走向等。

（3）地质设计书应根据物探资料及本构造邻近井和相邻构造的钻探情况，提供本井全井段地层孔隙压力、地层破裂压力（裂缝性碳酸盐岩地层可不作地层破裂压力曲线，但应提供邻近已钻井地层承压检验资料）和坍塌压力剖面、浅气层资料、油气水显示和复杂情况。

（4）在已开发调整区钻井，地质设计书中应明确提供注水、注气（汽）井分布及注水、注气（汽）情况，提供分层动态压力数据。钻开油气层之前应采取停注、泄压等措施，直到相应层位套管固井候凝完为止。

（5）在可能含硫化氢等有毒有害气体的地区钻井，地质设计应对其层位、埋藏深度及硫化氢等有毒有害气体的含量进行预测。

3.2 工程设计

钻井工程是一个多学科、多工种的系统工程。钻井工程设计是以现代钻井工艺理论为准则，采用新的研究成果，以现代计算技术用最优化科学理论去设计和规划钻井工程中的工艺技术及实施措施。

3.2.1 工程设计的目的

钻井是油气勘探与开发的重要环节，是实现地质目的和产能建设的必要手段。钻井工程设计的目的是确保油气钻井工程顺利的实施和质量控制，实现安全、优质、高速和经济钻井，顺利完成地质钻探目的，开发并保护油气资源，并为钻井工程提供预算的依据。

钻井队必须遵循钻井工程设计施工，不能随意变动，如因井下情况变化，原设计确需变更时，必须提交有关部门重新讨论研究。因此，钻井工程设计的科学性、先进性、经济性、安全性和可操作性对钻井工程作业的成败和油气勘探与生产的效益起着十分关键的作用。

3.2.2 工程设计的内容

钻井工程设计的任务是根据地质部门提供的地质设计书内容，进行一口井施工工程参数及技术措施设计，并给出钻井进度预测和成本预算。

钻井工程设计应包括以下方面的内容：

（1）地面井位选择应考虑水资源、井场道路、钻井液池位置及井场施工条件等因素。

（2）钻机选择与井身结构的确定应考虑是否有浅气层，是否有喷、漏层同在一裸眼井段。

（3）钻头尺寸类型的选择与数量的确定。

（4）钻柱设计与下部钻具组合。

（5）钻井参数设计。

（6）钻井液设计。

（7）固井设计，包括套管柱设计数据、套管柱强度设计图示、注水泥设计及固井要求。

（8）油气井井控装备及防止井喷、井喷失控工艺技术措施。

（9）油气井固控设备要求。

（10）地层孔隙压力监测。

（11）地层漏失试验要求（新探区第一口探井必须进行地层漏失试验）。

（12）防止油气层损害要求。

（13）环境保护要求。

（14）安全生产要求，包括防止有毒有害气体对人员的伤害等。

（15）钻井施工进度计划。

（16）全井成本预算。

3.2.3　工程设计中有关井控的要求

由于溢流和井喷可能发生在钻井中的各个阶段，因此在钻井工程设计中必须全面考虑，避免溢流和井喷的发生。一旦发生溢流和井喷，要有能控制井内流体的手段，以恢复钻井工作正常进行。因此在钻井工程设计中更应注意以下与井控工作有关的问题。

（1）工程设计书应根据地质设计提供的资料进行钻井液设计，钻井液密度以各裸眼井段中的最高地层孔隙压力当量钻井液密度值为基准，另加一个安全附加值：油井、水井为 $0.5 \sim 0.10 \mathrm{g/cm^3}$ 或增加井底压差 $1.5 \sim 3.5 \mathrm{MPa}$；气井为 $0.07 \sim 0.15 \mathrm{g/cm^3}$ 或增加井底压差 $3.0 \sim 5.0 \mathrm{MPa}$。具体选择钻井液密度安全附加值时，应考虑地层孔隙压力预测精度、油气水层的埋藏深度及预测油气水层的产能、地层油气中硫化氢含量、地应力、地层坍塌压力和破裂压力、井控装备配套情况等因素。含硫化氢等有害气体的油气井进行钻井液密度设计时，安全附加值应取最大值。

（2）工程设计书应根据地层孔隙压力梯度、地层破裂压力梯度、坍塌压力梯度、岩性剖面及保护油气层的需要，设计合理的井身结构和套管程序，并满足如下要求：

① 探井、超深井、复杂井的井身结构应充分考虑不可预测因素，留有一层备用套管。

② 在井身结构设计中，同一裸眼井段中原则上不应有两个以上压力梯度相差大的油气水层。

③ 在矿产采掘区钻井，井筒与采掘坑道、矿井坑道之间的距离不少于 100m，套管下深应封住开采层并超过开采段 100m。

④ 套管下深要考虑下部钻井最高钻井液密度和溢流关井时的井口安全关井余量。

⑤ 含硫化氢、二氧化碳等有害气体和高压气井的油层套管、有害气体含量较高的复杂井技术套管的材质和螺纹应符合相应的技术要求，且水泥必须返到地面。

（3）工程设计书应明确每层套管固井开钻后，按 SY/T 5623—2009《地层压力预（监）测方法》要求，测定套管鞋下第一个砂岩层的破裂压力。

（4）工程设计书应明确钻井必须装防喷器，并按井控装置配套要求进行设计。

（5）工程设计书应明确井控装置的配套标准：

① 防喷器压力等级应与裸眼井段中最高地层压力相匹配，并根据不同的井下情况选用各次开钻防喷器的尺寸系列和组合形式。

② 节流管汇的压力等级和组合形式应与全井防喷器最高压力等级相匹配。

③ 压井管汇的压力等级和连接形式应与全井防喷器最高压力等级相匹配。

④ 绘制各次开钻井口装置及井控管汇安装示意图，并提出相应的安装、试压要求。

⑤ 有抗硫要求的井口装置及井控管汇应符合 SY/T 5087—2005《含硫油气井安全钻井推荐作法》中的相应规定。

（6）工程设计书应明确钻具内防喷工具、井控监测仪器、仪表、钻具旁通阀及钻井液处理装置和灌注装置应根据各油气田的具体情况配齐，以满足井控技术的要求。

（7）根据地层流体中硫化氢和二氧化碳等有毒有害气体含量及完井后最大关井压力值，并考虑能满足进一步采取增产措施和后期注水、修井作业的需要，工程设计书应按照相关标准明确选择完井井口装置的型号、压力等级和尺寸系列。

（8）钻井工程设计书中应明确钻开油气层前加重钻井液和加重材料的储备量，以及油气井压力控制的主要技术措施，包括浅气层的井控技术措施。

（9）钻井工程设计书应明确欠平衡钻井应在地层情况等条件具备的井中进行。含硫油气层或上部裸眼井段地层中的硫化氢含量大于 SY/T 5087—2005《含硫化氢油气井安全钻井推荐作法》中对含硫油气井的规定标准时，不能开展欠平衡钻井。欠平衡钻井施工设计书中必须制定确保井口装置安全、防止井喷失控或着火以及防硫化氢等有害气体伤害的安全措施及井控应急预案。

（10）钻井工程设计书应明确对探井、预探井、资料井应采用地层压力随钻预（监）测技术；绘制本井预测地层压力梯度曲线、设计钻井液密度曲线、dc 指数随钻监测地层压力梯度曲线和实际钻井液密度曲线，根据监测和实钻结果，及时调整钻井液密度。

3.3　压力剖面

按照地质设计，应根据物探资料及本构造邻近井和邻构造的钻探情况，提供本井全井段预测地层压力和地层破裂压力的要求，必须建立本井全井段的地层压力剖面。

3.3.1　压力剖面的确定

为了精确地掌握井内各层段的预计地层压力，可以采用以下五种方法建立地层压力曲线：

（1）邻近井的钻井井史和钻井液密度。

（2）综合录井资料。

（3）邻近井的电测资料解释评价。

（4）邻近井的 dc 指数曲线。

（5）所在地区地震波传播时间。

3.3.1.1　邻近井的钻井井史和钻井液密度

邻井钻井液密度使用记录是地质工程设计的重要参考。钻井过程中发生的任何井下问题，如井涌、井漏、压差卡钻等，都会在钻井井史中进行记录和描述，对于设计以及在钻井中可能遇到的复杂情况有着重要的提示作用。另外，井史中还列出了套管资料、钻头记录等资料，这些资料对地质工程设计的制定均有重要参考价值。为了减少复杂情况，在那些易出现故障的页岩（裂缝的、脆性的）层段，使用的钻井液密度可能偏高。因此从钻井液记录与钻井井史中所得的资料需要进行分析修正，特别是对于有断层与坍塌等问题的地层。

3.3.1.2　综合录井资料、电测资料、dc 指数、S 曲线及地震波传播时间评价

除综合录井资料、dc 指数或 S 曲线等方法外，用于预测地层压力的电测方法如下：

（1）电导率。

（2）声波测井。

（3）密度测井。

（4）孔隙度测井。

在没有邻近井做参考的地区，则必须利用地震数据，分析解释地震波在层

段传播时间，用层段地震波传播速度，标定地层孔隙压力梯度或当量钻井液密度。

选用以上方法，作出如图 3-1 所示的地层压力剖面。

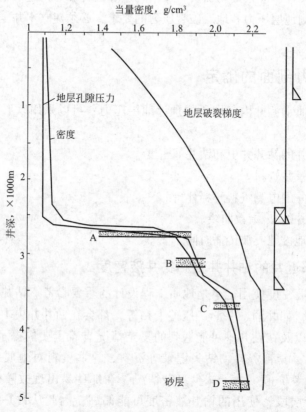

图 3-1　地层压力剖面

3.3.2　破裂压力的确定

在钻井施工中，钻井液密度必须满足平衡地层压力的要求，但是，过高的钻井液密度会使较弱的地层产生裂缝，造成井漏或地表窜通。除导致钻井液损失外，还会降低井内的液柱压力，形成井喷的条件，合理的钻井液密度应该是略大于（平衡）地层压力，大于坍塌压力，而小于破裂压力、漏失压力。

因此，在预测地层孔隙压力的同时，还应预测全井段的地层破裂压力，并一同画在地层压力剖面上。

3.3.2.1 地层破裂压力试验

地层破裂压力试验是为了确定套管鞋处地层的破裂压力，新区第一口探井、有浅气层分布的探井或生产井，必须进行地层破裂压力试验。试验方法如下：

（1）关闭环形空间。

（2）用水泥车以低速（0.8~1.32L/s）缓慢地启动泵向井内注入钻井液。

（3）记录各个时间的泵入量和相应的井口压力。

（4）做出以井口压力与泵入量为坐标的试验曲线，如泵速不变，也可做出井口压力和泵入时间的关系曲线。

进行地层破裂压力试验时，要注意确定以下几个压力值：

（1）漏失压力（p_1）：试验曲线偏离直线的点。此时井内钻井液开始向地层少量漏失。习惯上以此值作为确定井控作业的关井压力依据。破裂压力试验曲线如图 3-2 所示。

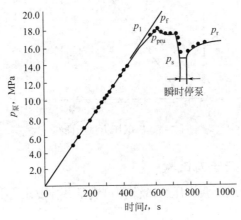

图 3-2　破裂压力试验曲线

（2）破裂压力（p_f）：试验曲线的最高点，反映了井内压力克服地层的强度使其破裂，形成裂缝，钻井液向裂缝中漏失，其后压力将下降。

（3）延伸压力（p_{pro}）：压力趋于平缓的点，它使裂缝向远处扩展延伸。

（4）瞬时停泵压力（p_s）：当裂缝延伸到离开井壁压力集中区，即 6 倍井眼半径以外远时（估计从破裂点起约历时 1min 左右），进行瞬时停泵，记录下停泵时的压力 p_s，此时裂缝仍开启，p_s 应与垂直于裂缝的最小地应力值相平衡。此后，随停泵时间的延长、钻井液向裂缝的渗滤，液压下降。由于地应力的作用，裂缝将闭合。

（5）裂缝重张压力（p_r）：瞬时停泵后重新启动泵，使闭合的裂缝重新张开的压力。由于张开闭合裂缝时不再需要克服岩石的抗拉强度，因此可以认为地层的抗拉强度等于破裂压力与重张压力之差。

上述记录的压力值为井口压力。为了计算地层实际的漏失压力或破裂压力还需加上井内钻井液的静液压力。

另外，在直井与定向井中对同一地层所做的破裂压力试验所得到的数据不能互换使用。当套管鞋以下第一层为脆性岩层时，如砾岩、裂缝发育的灰岩等，只对其作极限压力试验，而不作破裂压力试验，因为脆性岩层作破裂压力试验时在其开裂前变形很小，一旦被压裂则承压能力会显著下降。极限压力试验要根据下部地层钻进将采用的最大钻井液密度及溢流关井和压井时对该地层承压能力的要求决定。试验方法同破裂压力试验一样，但只试到极限压力为止，极限压力试验曲线如图 3-3 所示。

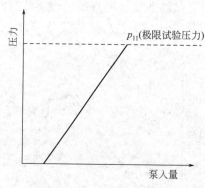

图 3-3　极限压力试验曲线

3.3.2.2　地层漏失压力试验

有些井只需进行地层漏失压力试验即可满足井控要求，其试验方法同破裂压力试验类似。

当钻至套管鞋以下第一个砂岩层时（或出套管鞋 3~5m），用水泥车进行试验。试验前确保井内钻井液性能均匀稳定，上提钻头至套管鞋内并关闭防喷器。试验时缓慢启动泵，以小排量（0.8~1.32L/s）向井内注入钻井液，每泵入 80L 钻井液（或压力上升 0.7MPa）后，停泵观察 5min。如果压力保持不变，则继续泵入，重复以上步骤，直到压力不上升或略降为止（图 3-4）。

3.3.2.3　地层承压能力试验

在钻开高压油气层前，用钻开高压油气层的钻井液循环，观察上部裸眼地层是否能承受钻开高压油气层钻井液的液柱压力，若发生漏失则应堵漏后再钻开高压油气层，这就是地层承压能力试验。

承压能力试验也可以采用分段试验的方式进行，即每钻进 100~200m，就用

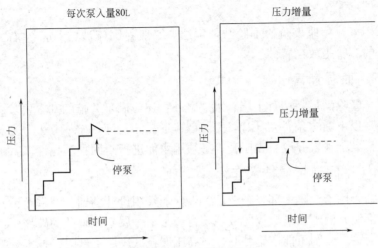

图 3-4 漏失压力试验图

钻进下部地层的钻井液循环试压一次。

现场地层承压能力试验常采用地面加回压的方式进行，就是把高压油气层或下部地层将要使用的钻井液密度与当前井内钻井液密度的差值折算成井口压力，通过井口憋压的方法检验裸眼地层的承压能力。由于井口憋压的方式是在井内钻井液静止的情况下进行的，所以试验时要考虑给钻井液密度差附加一个系数，即循环压耗，以确保在提高密度后，循环的情况下也不会发生漏失。

3.4 套管程序的确定

3.4.1 套管的功能和套管下入的要求

科学地确定套管层次及下入深度，对钻井的经济性和安全性有着重要意义。套管的主要功能如下：

（1）保护淡水层，封隔非胶结地层。

（2）封隔易坍塌和井眼稳定性差、易出故障的井段。

（3）避免高低压层同在一裸眼井段，形成喷层和漏失层同在一井段的状况。

（4）为油气生产提供通道，为井下作业提供施工条件。

地层孔隙压力梯度、破裂压力梯度、有效钻井液密度是选择套管程序的重要依据。

3.4.1.1 结构管

这种管子既可以击入地表，也可以钻入地表，主要是保护井架基础。

3.4.1.2　导管

导管用来封隔地表疏松不胶结的地层，一般封固流沙层60m左右，并提供一个耐久的套管坐放位置。

3.4.1.3　表层套管

表层套管除满足封堵黄土层、水层之外，还应满足井控的基本要求。即表层套管应满足以下两个条件：（1）表层套管下深不小于80m；（2）进入石板层30m以上，坐于砂岩井段。表层套管必须用水泥进行封固，不允许坐塞子。

3.4.1.4　中间套管或技术套管

技术套管用于封隔上部复杂地层，以便能够用设计的钻井液密度钻开下部地层。当下部钻井液密度所形成的液柱压力接近上一层套管鞋处的破裂压力时，就应下技术套管，否则可能产生井漏。当高压层在低压层上部时，技术套管应下过高压层以便能以较低密度的钻井液钻开低压层。这样，既保证了上部地层不发生井控问题，又可以防止损害下部油气层，提高机械钻速。

《中国石油天然气集团公司关于进一步加强井控工作的实施意见》明确要求："当裸眼井段不同压力系统的压力梯度差值超过0.3MPa/100m，或采用膨胀管等工艺措施仍不能解除严重井漏时，应下技术套管封隔。"并且"技术套管的材质、强度、扣型、管串结构设计（包括钢级、壁厚以及扶正器等附件）应满足封固复杂井段、固井工艺、井控安全以及下一步钻井中应对相应地层不同流体的要求。水泥应返至套管中性（和）点以上300m；'三高'油气井的技术套管水泥应返至上一级套管内或地面"。

3.4.1.5　油层套管

具有生产能力的油气层，完井时应根据油气生产的要求下入生产套管，并采取相应的完井形式。

按照《中国石油天然气集团公司关于进一步加强井控工作的实施意见》的要求："油层套管的材质、强度、扣型、管串结构设计（包括钢级、壁厚以及扶正器等附件）应满足固井、完井、井下作业及油（气）生产的要求，水泥应返至技术套管内或油气水层以上300m。'三高'油气井油（气）层套管和固井水泥应具有抗酸性气体腐蚀的能力，应采取相应工艺措施使固井水泥返到上一级套管内，并且形成的水泥环顶面应高出已经被技术套管封固了的喷、漏、塌、卡、碎地层以及全角变化率超出设计要求的井段以上100m。"

3.4.2　下入深度和层次的确定

确定套管下入深度和层次的原则如下：

（1）分别封固钻井剖面内的各个复杂不稳定井段。

（2）控制裸眼段长度，减少钻井复杂和事故。

（3）提高钻井速度，降低钻井成本。

（4）有利于发现和保护保护油气层。

（5）延长油气井寿命。

为了确定套管下入深度，需要以下资料和基础数据：

（1）岩性、压力剖面。

（2）操作安全系数，即控制抽汲压力减小值和激动压力增加值。

（3）压力异常井段，在压力异常井段，压差卡套管最容易发生在渗透性高、地层孔隙压力小的层段。

（4）允许压差。

（5）必须封固的复杂不稳定井段，重点层位是黄土层和志丹组上部及直罗组，固表层时考虑漏失层的压差影响，防止表层套管替空。

套管下入具体深度的确定，除采用地区经验外，可利用数学公式进行计算和地层孔隙压力梯度、地层破裂压力梯度随井深变化的曲线，自下而上地确定套管下入深度。

3.5　钻井液设计

制定好钻井液设计方案，必须考虑以下几个问题：

（1）钻井液体系与性能的选择。

（2）钻井液性能与地层的配伍性。

（3）钻井液成本和处理材料的可控性。

（4）便于维护管理。

（5）能避免和消除各种复杂情况，包括对各种地层流体侵入的处理。

3.5.1　钻井液体系与性能的选择

钻井液的黏度和静切力必须满足携带岩屑并且在循环停止时悬浮岩屑的需要。适当的黏度与静切力有助于悬浮加重材料，这样可以维持一定的钻井液密度，以保证钻井液的静液柱压力高于地层压力。钻井液密度的确定要参考地层压力并考虑井眼的稳定附加一定的安全值。

为了保证钻进和起下钻过程的安全，必须控制钻井液的密度和黏度，做到井壁稳定，既不压漏薄弱地层也不会引起溢流。固控设备，如除泥器、除砂器、振动筛及离心机，可用来除去钻井液内的有害固相。除气器和液气分离器可用来清除侵入钻井液内的气体。

所选的钻井液一定要适用于所钻地层。如钻盐岩层应使用盐水钻井液或油基钻井液，以防止钻井液性能变坏或井壁被破坏。又如某些水敏性极强的页岩就需要油基钻井液或油包水钻井液。

钻井过程中钻井液一定要采用设计中规定的密度值，设计的钻井液密度必须考虑安全附加值。

打开目的层完井液密度：超前注水区块、发生井涌的区块，油井附加按 $0.05 \sim 0.10 \mathrm{g/cm^3}$，气井按附加 $0.07 \sim 0.15 \mathrm{g/cm^3}$。

在超前注水区、高气油比区、发生井涌的区块目的层，钻井液安全附加值必须取上限，减少溢流的发生。

含硫化氢等有害气体的油气层钻井液密度设计中，其安全附加值或安全附加压力值应取最大值。

3.5.2　钻井液成本和处理材料的可控性

钻井液方案包括估算每个井段钻井液的消耗量。在开钻前井场应有足够的处理材料。材料的消耗必须根据每天的维护处理要求进行检查，以保证材料能够及时供应。另外，所用钻井液处理材料必须是检验合格的产品，在使用之前必须进行小型试验，确保钻井液性能满足设计要求。

钻井工程设计书中应明确钻开油气层前加重钻井液和加重材料的储备量。

① 2000m 以内的探井、开发井最少储备 20t。

② 2000m～3000m 的探井、开发井最少储备 30t。

③ 大于 3000m 的探井、开发井最少储备 50t。

④ 大于 2000m 的气井同时储备 $1.50 \mathrm{g/cm^3}$ 的钻井液 $60 \mathrm{m^3}$。

⑤ 小于 2000m 的气井同时储备 $1.50 \mathrm{g/cm^3}$ 的钻井液 $30 \mathrm{m^3}$。

⑥ 油田内部调整井最少储备 30t。

⑦ 在开发井实施欠平衡钻井时，现场至少储备可用大于 1.5 倍以上井筒容积、密度高于设计地层压力当量钻井液密度 $0.2 \mathrm{g/cm^3}$ 以上的钻井液；在探井实施欠平衡钻井时，现场至少储备可用大于 2.0 倍以上井筒容积、密度高于设计地层压力当量钻井液密度 $0.2 \mathrm{g/cm^3}$ 以上的钻井液；现场还应储备足够的加重材料和处理剂。

3.5.3　硫化氢的考虑

用于含有硫化氢地层的钻井液既可以是水基的也可以是油基的。在钻含硫化氢地层时，钻井液应加入能中和硫化氢的处理剂，并且要调整钻井液的 pH 不小于 9.5，以有效消除钻井液中的硫化氢。

3.6　井控设备选择

井控装备及工具的配套和组合形式、试压标准、安装要求按《中国石油天然气集团公司石油与天然气钻井井控规定》和《长庆油田钻井井控实施细则》执行。

在选择设备前，需要对地层压力、井眼尺寸、套管尺寸、套管钢级、井身结构等做详尽的了解。

钻井井口装置包括在钻井过程中各次开钻时所配置的液压防喷器及其控制装置、四通、转换法兰、双法兰短节、转换短节、套管头等。

由于油气井本身情况各不相同，井口所装防喷器的类型、数量、组合并不一致。防喷器的类型、数量、压力等级、通径大小是由很多因素决定的，简述于下。

3.6.1　防喷器公称通径和压力等级的选择

液压防喷器的公称通径要与套管头下的套管尺寸相匹配，能通过相应钻头与钻具进行钻井作业。

防喷器压力等级的选用应与裸眼井段中最高地层压力相匹配，确保封井可靠，不致因耐压不够而导致井口失控。含硫地区井控装备选用材质应符合行业标准 SY/T 5087—2005《含硫油气井安全钻井推荐作法》的规定。在高危地区钻井，为确保关井的可靠性，也可提高防喷器的压力等级。

3.6.2　组合形式的选择

（1）深井、超深井、高气油比井以及"三高井"，至少应配备环形、单闸板、双闸板、防喷器和钻井四通，闸板防喷器中应有一个安装剪切闸板。

（2）地层压力大于 35MPa、小于 70MPa 的开发井，应配备环形、两个单闸板或一个双闸板防喷器和钻井四通。

（3）一般开发井，而且仅下一层表层套管，在掌握套管鞋处地层破裂压力的条件下，发生溢流关井时，防喷器只能在不超过最大关井套压值 80%的范围内，进行放喷泄压和实施压井作业。

确定不同压力等级防喷器组合形式，应按照《中国石油与天然气集团公司石油与天然气钻井井控管理规定》和各油气田的井控实施细则及有关标准进行。

3.6.3　控制系统控制点数和控制能力的选择

控制点数除满足防喷器组合所需的控制数量外，还需增加两个控制点数，一个用来控制防喷管线上的液动平板阀，一个作为备用。

控制系统的控制能力应符合最低限度的要求。蓄能器组的容量在停泵的情况下，所提供的可用液量必须满足关闭防喷器组中的全部防喷器，并打开液动防喷阀的要求。通常情况下，作业现场为了保证安全，将防喷器组中全部防喷器的关闭液量增加50%的安全系数作为蓄能器组的可用液量，以此标准来选择控制系统的控制能力。

3.6.4　监视设备

在钻井作业中用于检测溢流的基本设备仪器有泵冲计数器、钻井液罐液面指示器、流量指示器、气体检测器和起钻监控系统。高难度的外围探井和复杂井，通常需要更好的设备和训练有素的人员，以便连续监控钻井作业。在油田内部打井，因为有许多邻近井资料可利用，同时也很好地掌握了地层压力情况，所以只需要基本的监测设备。

3.6.5　防硫化氢的特殊设备仪器

在有硫化氢的地区钻井作业，必须有检测与监控硫化氢的仪器。这些设备系统在硫化氢浓度超过规定浓度时能发出声光警告信号。此外，为保护操作人员，应配备正压式空气呼吸器等防护设备。

3.7　欠平衡钻井和水平井钻井井控设计要考虑的因素

3.7.1　欠平衡钻井井控设计要考虑的因素

钻井过程中在井底流体有效压力低于地层压力时，允许地层流体在负压差作用下有控制地进入井筒，并可将其循环到地面进行分离的这种有控制的钻井工艺过程，叫作欠平衡钻井。

欠平衡钻井不存在常规井控中的一次井控阶段。施工时通过旋转防喷器（或旋转控制头）和节流管汇控制井底压力，在井口回压（套压）超过一定值时，采用常规井控技术来控制井底压力以防止井喷。

欠平衡钻井井控设计要考虑的因素如下：

（1）欠平衡钻井井控设计应以钻井地质设计提供的岩性剖面、岩性特征、压力剖面、地温梯度、油气藏类型、地层流体特性及邻井试油情况等资料为依据。

（2）欠平衡钻井井控设计应纳入钻井工程设计，其井身结构、井控装备配套和井控措施等方面的设计应满足欠平衡钻井的安全要求。

（3）欠平衡钻井方式和欠压值设计应综合考虑地层特性、井壁稳定性、地层孔隙压力、地层破裂压力、流体特性、预计产量、套管抗内压及抗外挤强度和地面设备处理能力等因素。

（4）防喷器组合。

① 根据设计井深、预测地层压力、预计产量及设计欠压值等情况，选择匹配的旋转防喷器或旋转控制头。

② 在常规钻井井口防喷器组合上安装旋转防喷器或旋转控制头。

③ 在常规钻井井口防喷器组合上安装旋转防喷器或旋转控制头。

④ 井口装置通径应大于钻井、完井作业管串及附件的最大外径。

（5）油气储层欠平衡钻井需另外安装一套独立的欠平衡钻井专用节流管汇，其压力级别不低于旋转防喷器或旋转控制头的额定工作压力。欠平衡钻井过程中不允许使用常规节流管汇。

（6）气体欠平衡钻井施工中，在不带旁通口的旋转防喷器或旋转控制头与常规防喷器组之间应有一个专用三通或四通，作为欠平衡钻井的导流通道。

（7）钻机底座高度应满足欠平衡钻井井口装置的安装高度要求。

（8）液相欠平衡钻井应配备液气分离器，油井应配备撇油罐和储油罐。

（9）钻具组合。

① 转盘钻进使用六方方钻杆。

② 使用达到一级钻具标准的 18° 台肩钻杆。

③ 在近钻头位置至少安装一只常闭式钻具止回阀；气体钻井使用的所有钻具止回阀应是气密封试压合格产品。

（10）燃烧管线或排砂管线应延伸到季风方向距井口 75m 以外的安全地带，同时修建燃烧池和挡火墙。燃烧池大小和挡火墙的高度应满足欠平衡钻井安全要求。燃烧管线上安装防回火装置，出口应安装自动点火装置，点火间隔时间不大于 3s。同时准备其他点火手段备用。

（11）欠平衡钻井应配备综合录井仪。录井队和欠平衡钻井服务队伍的监测设备应满足实时监测、参数录取的要求。气体钻井时，岩屑取样器距井口不少于 30m。

（12）井场条件应满足欠平衡钻井装备的布置和安全作业基本要求。实施气体钻井时，供气设备中的内燃机排气管应加装防火罩，供气设备至井口的距离不小于 15m。

（13）应编制欠平衡钻井 HSE 计划书，对健康、安全与环境保护方面的风险进行识别，并针对识别出的风险，制定具体的风险防范措施，以满足技术、工艺、设备等方面安全生产的要求。

3.7.2　水平井井控设计要考虑的因素

水平井是水平井段井斜角达到 86° 以上，并在目的层中维持一定长度的特殊井。水平井钻井技术是常规定向井钻井技术的延伸和发展。

按井眼曲率半径的大小，水平井可分为长半径、中半径、短半径及超短半径水平井。不同半径水平井对钻井设备、井下工具及钻井工艺的要求不同。

水平井通过扩大油气层泄油面积来提高油井产量，提高油层控制程度、动用程度，实现少井高产、提高采收率，抑制边底水突进和防止油层出砂、堵塞等用途，成为实施高效调整，探索有效动用低效储量、改善开发效果的有效技术途径。

对井控工作而言，较长的可能发生溢流的水平段的存在以及溢流在水平段及大斜度井段的特殊流动规律，增加了井控的难度。

（1）水平井套管柱设计时，应确保套管下深尽可能接近水平段。

（2）水平段钻进不超过 30m 时，应循环钻井液检查，确保足够的液柱压力，设计中应清楚地写明过平衡压力值。

（3）水平段易形成岩屑床，增加抽汲的可能。因此井眼清洁措施必须能有效地减少岩屑床的形成。

（4）起钻时，钻具离开水平井段前应循环钻井液同时低速转动钻具，在钻头离开水平段前要测油气上窜速度。

（5）钻井液只循环一周水平段高边的气泡很难返出，因此要循环一周以上。

（6）下钻进入水平段时要循环钻井液，检查井筒是否有流体侵入。下钻到井底前，也要循环一周以上，控制下钻速度，将压力激动降到最小。下钻到井底后，循环钻井液最后阶段可通过节流管汇。

（7）接单根或上提钻具时，若发现悬重增加，应开泵；若有压差卡钻的危险，须随时转动钻具，减少钻具静置时间。

（8）用油基或水基解卡液时，解卡液的量要计算精确，减少负压危险。

（9）由于抽汲最容易导致液流，因此须尽量减少起下钻次数。

第4章 井控设备的安装与使用

井控设备是在地层压力超过钻井液液柱压力时，及时发现溢流，控制井内压力，避免和排除溢流，以及防止井喷和处理井喷失控事故的重要设备，是实施井控工艺技术的重要保证。

对于井控设备，不但配套设备要满足所在地区钻井作业要求，还要标准化安装，对所有设备进行正确使用和科学保养。本章主要内容有井控装备资质准入、正确安装、正确使用、维护保养、现场试压、故障判断与排除及判废。

4.1 井控装备资质准入

安全可靠的井控装备是保证井控本质安全的重要基础，可控的生产流程是井控装备质量可靠的保证。为了保证中国石油天然气集团公司所属油气区内井控装备质量的可靠性，满足井控安全需要，依据集团公司井控管理和资质管理相关规定，参照国际、国家及行业相关标准，集团公司制定了井控装备生产企业资质认可实施细则，这个细则规定井控装备生产企业只有取得资质认可，其井控装备及服务方才可进入集团公司市场。资质认可主要针对钻井井控装置、管汇系统、控制系统、高压耐火软管线、内防喷工具等井控装备生产企业。

资质认可实行集团公司一级认可，各油气田企业和工程技术服务企业不得重复进行资质认可。

井控装备生产企业的资质分为甲、乙两个等级。同等条件下，各企业应优先选购采用甲级企业的产品。

未获得资质认可企业的井控装备不能在集团公司范围内进行准入、投标、销售、结算等活动。

资质认可是集团公司实行井控装备安全管理的重要方式，但并不免除生产企业对其产品的质量、安全、环保责任。

4.1.1 井控装备生产企业资质认可条件

井控装备生产企业资质认可应当从制造能力、管理能力、技术能力、服务能力等方面予以综合评价。

4.1.1.1 井控装备生产企业制造能力资质认可条件

井控装备生产企业制造能力应符合以下条件：

（1）应配备与生产规模相适应的生产设备。

（2）配备静水压试验设备及设施、理化检测设备、精度和几何尺寸检测设备、无损检测设备、非金属材料物理性能试验设备等。

（3）具有一类或一类以上产品自主配套能力。

（4）具有大批量生产能力。

（5）具有满足用户个性化需求产品的生产能力。

（6）在行业及集团公司市场具有较高的产品市场占有率。

4.1.1.2 井控装备生产企业管理能力资质认可条件

井控装备生产企业管理能力应符合以下条件：

（1）通过质量管理体系认证或 API Q1 认证，并有效运行。

（2）建立采购（外协）管理制度，严格进行原材料或配件供方审核，并进行进厂质量检验和验证。

（3）建立工艺管理制度，具有相关操作规程和作业指导书。

（4）严格进行从产品设计、制造到出厂的各环节的质量检验。

（5）近三年在国家、行业以及集团公司、地方政府质量监督检查中无不合格记录。

4.1.1.3 井控装备生产企业技术能力资质认可条件

井控装备生产企业技术能力应符合以下条件：

（1）有产品设计研发机构。

（2）主要技术负责人应具有大专以上文凭，从事井控装备生产技术工作累计五年以上。

（3）技术管理人员和技术工人数量满足生产要求。

（4）配备相关专职检验人员，持证上岗，并独立开展工作。

（5）采用国际标准、国家标准、行业标准或集团公司企业标准有效版本。

（6）有企业产品内控标准。

（7）产品的自主设计与开发通过了相关机构的评审和用户确认。

4.1.1.4 井控装备生产企业服务能力资质认可条件

井控装备生产企业服务能力应符合以下条件：

（1）建立技术服务制度和质量回访制度。

（2）建立用户档案，与顾客沟通渠道畅通。

（3）在油气田建立区域技术服务机构，服务资源配置满足用户要求。

（4）跟踪本企业销售产品的使用情况，跟踪结果有记录。

（5）能满足用户对产品的个性需求。

乙级井控装备生产企业应满足以下基本条件：

（1）近三年内，产品在使用中未发生一般及以上质量事故。

（2）产品通过石油工业井控装备质量监督检验中心的检验。

甲级井控装备生产企业在满足乙级资质基本条件的基础上，还应配套有气密封试验装置，同时现场审核得分位居前三位，且在集团公司范围内市场占有率大于20%。

4.1.2　井控装备的资质管理

井控装备生产企业的资质认可证书分为正本、副本，正本、副本具有同等效力。

证书有效期为四年，每两年进行一次审验。审验不合格的，限期整改，复检仍不合格的，以及审验评分低于60分的企业，经集团公司资质管理委员会批准后，予以取消资质。

获得资质认可的企业，其产品发生下列情况之一者，取消该企业资质：

（1）因产品质量直接原因造成事故的。

（2）制造销售假冒伪劣产品的。

（3）国家强制性认证产品证书过期或被注销的。

获得资质认可的企业，其资质只适用于生产许可证所列产品的投标活动。

企业名称、厂址、经营方式发生变更的，应在变更后30日内提出变更申请，换发证书。否则，证书自动失效。

生产企业发生破产、倒闭、歇业的，应将资质证书交回集团公司资质管理委员会办公室，资质证书自动失效。

生产企业不得涂改、伪造、出借、出租、转让、买卖证书。凡违反规定，一经查实，注销证书。

证书遗失，应在相关媒体上声明作废后，申请补发。

被取消资质的企业，由集团公司资质管理办公室进行通告。3年内，集团公司资质管理办公室不受理该企业的资质申请。

申请换证的企业应在有效期满前6个月提出申请。逾期未提出申请的企业视为自动放弃，证书到期作废。

集团公司应定期或不定期对获得资质认可的企业进行监督检查。

4.2 钻井队伍井控设备最低配置标准

4.2.1 井控装置配套原则

（1）防喷器、四通、节流管汇、压井管汇及防喷管线的压力级别，原则上应与相应井段中的最高地层压力相匹配。同时综合考虑80%的套管最小抗内压强度、套管鞋破裂压力、地层流体性质等因素。

（2）防喷器的通径应比套管尺寸大，所装防喷器与四通的通径一致。同时应安装保护法兰或防偏磨法兰。

（3）含硫地区井控装置选用材质应符合行业标准SY/T 5087—2005含硫化氢油气井安全钻井推荐作法》。

（4）防喷器安装、校正和固定应符合SY/T 5964—2006《钻井井控装置组合配套 安装调试与维护》中的相应规定。

4.2.2 井控装置基本配套标准

针对不同的井控风险级别，井控装置按以下原则进行配备。

4.2.2.1 气田基本配套标准

（1）气田一级风险井。

① 从下到上安装四通+双闸板防喷器+环形防喷器。防喷器组合的通径和压力等应一致，且压力等级满足地层最高压力。经过研究和讨论，确需安装剪切闸板防喷器的井，在钻井工程设计中进行要求和明确。

② 井口两侧安装与防喷器相同压力级别的防喷管线、双翼节流管汇、压井管汇、放喷管线。

③ 钻柱内防喷工具为钻具回压阀及方钻杆上、下旋塞。

④ 控制设备为相同级别的远程控制台和司钻控制台。

（2）气田二级风险井。

① 从下到上配四通+双闸板防喷器，防喷器组合的通径和压力等级应一致，且压力等级满足地层最高压力要求。

② 井口两侧接与防喷器相同压力级别的防喷管线、双翼节流管汇、压井管汇、放喷管线。

③ 钻柱内防喷工具为钻具回压阀及方钻杆上、下旋塞。

④ 控制设备为相同级别的远程控制台。

4.2.2.2　油田基本配套标准

（1）油田一级风险井。

① 从下到上配四通+双闸板防喷或单闸板防喷器。防喷器组合的通径和压力等级应一致，且压力等级满足地层最高压力要求。

② 钻柱内防喷工具为钻具回压阀和方钻杆下旋塞。

③ 配置单翼节流管汇和压井管汇，防喷管线可使用相同压力级别的耐火软管。

④ 控制设备为相同级别的远程控制台。

（2）油田二级风险井。

① 从下到上配四通+单闸板防喷器，防喷器组合的通径和压力等级应一致，且压力等级满足地层最高压力要求。

② 钻柱内防喷工具为钻具回压阀和方钻杆下旋塞。

③ 配单翼节流管汇和压井管汇，防喷管线可使用相同压力级别的耐火软管。

④ 控制设备为相同级别的远程控制台。

（3）油田三级风险。

① 从下到上配置四通+单闸板防喷器，防喷器组合的通径和压力等级应一致，且压力等级满足地层最高压力。

② 钻柱内防喷工具为钻具回压阀和方钻杆下旋塞。

③ 配单翼节流管汇和压井管汇，或简化的导流防喷管线，防喷管线也可使用相同压力级别的耐火软管。

④ 手动控制或配备相同级别的远程控制台。

4.3　井控设备的安装

设计要求安装防喷器的油气井二开前必须安装好井控装置。

4.3.1　防喷器组安装要求

（1）表层（技术）套管下完，井口先找正再固井，套管与转盘中心偏差不大于10mm。

（2）底法兰螺纹洗净后涂上专用密封脂并上紧；井口用水泥回填牢固。

（3）顶法兰用40mm厚的专用法兰，顶、底法兰内径应比防喷器通径小20mm左右。

（4）各法兰钢圈上平，螺栓齐全，对称上紧，螺栓两端外螺纹均匀露出。

（5）防喷器顶部安装防溢管时，用螺栓连接，不用的螺孔用螺钉堵住。防溢管宜采用两半组合式。防溢管与防喷器的连接密封可用金属密封垫环或专用橡胶圈。

（6）防喷器上的液控管线接口应面向钻机绞车一侧。

（7）防喷器安装完毕后，应校正井口、转盘、天车中心，其偏差不大于10mm。用四根不小于φ16mm钢丝绳和导链或者紧绳器对角对称拉紧，装挡泥伞，保持清洁。

（8）闸板防喷器应配备手动或液压锁紧装置。具有手动锁紧机构的防喷器应装齐手动操作杆，靠边手轮端应支撑牢固，手轮应接出井架底座，可搭台方便操作，手动操作杆与防喷器手动锁紧轴中心线的偏斜不大于30°。手动操作杆手轮上应挂牌标明开关圈数及开关方向。

（9）在任何施工阶段中，防喷器半封闸板芯子必须与使用的管柱尺寸相符。

4.3.2 远程控制台安装要求

防喷器控制系统控制能力应与所控制的防喷器组合及管汇等控制对象相匹配。防喷器远程控制台安装要求如下：

（1）防喷器控制系统的控制能力应满足控制对象的数量及开、关要求，并且备用一个控制对象。

（2）在停泵、井口无回压时，远程控制台应有足够的关闭一套全开状态的环形防喷器和闸板防喷器组并打开液动闸阀的液体量，且剩余液压应不小于1.4MPa。

（3）远程控制台安装在面对井架大门左侧、距井口不少于25m的专用活动房内，并在周围留有宽度不少于2m的人行通道，周围10m内不得堆放易燃、易爆、腐蚀物品。

（4）远控台的液控管线与节流压井管汇及防喷管线距离大于1m；液控管线不允许埋在地下，车辆跨越处应装过桥盖板采取保护措施，不得挤压；不允许在液控管线上堆放杂物或在其上进行割焊等其他作业。

（5）司钻控制台和远程控制台气源应从专用气源排水分离器上用管线分别连接到远程控制台和司钻控制台。总气源应与司钻控制台气源分开连接，气管缆的安装应沿管排架安放在其侧面的专门位置上，剩余的管缆盘放在远程台附近的管排架上，不允许强行弯曲和压折。气源压力为0.65~0.8MPa；配置气源排水分离器；严禁强行弯曲和压折气管束；司钻控制台显示的压力值与远程控制台压力表压力值的误差不超过0.6MPa。

（6）远程控制台电源应从发电房或配电房用专线直接引出，并用单独的开关控制。

（7）远程控制台处于待命状态时，油面高于油标下限，储能器预充氮气压力为（7±0.7）MPa；储能器压力为 18.5~21MPa，管汇及控制环形防喷器的压力为 10.5MPa。

（8）远程控制台上剪切闸板的换向阀手柄用限位装置控制在中位，其他三位四通换向阀手柄的倒向与防喷器及液动放喷阀的开、关状态一致。控制剪切闸板防喷器的远程控制台上应安装防止误操作剪切闸板防喷器控制换向阀的限位装置。

（9）司钻控制台应安装在司钻操作台侧，并固定牢固。

（10）根据特殊要求，对重点井、含硫油气井、区域探井和环境特殊井可配置防喷器辅助控制台装置。防喷器辅助控制台装置应安装在平台经理或工程师值班房便于操作处。

（11）司钻控制台、远程控制台和防喷器之间的液路连接管线在连接时应清洁干净，并确保连接正确。

4.3.3　井控管汇安装要求

井控管汇应符合如下要求：

（1）井控管汇包括节流管汇、压井管汇、防喷管线和放喷管线。

（2）钻井四通两翼应各有两个闸阀，紧靠钻井四通的手动闸阀应处于常开状态，其余两个手动闸阀或液动闸阀应接出井架底座以外并处于常关状态；编号挂牌，标明开、关状态。

（3）天然气井的节流管汇、压井管汇、防喷管线和放喷管线，必须使用经过检测合格的管材；防喷管线的法兰与管体之间连接不允许现场焊接。高含硫天然气井节流管汇、压井管汇、防喷管线应采用抗硫的专用管材。

（4）高压专用耐火软防喷管线每口井必须进行试压和外观检查，防止失效。

（5）节流管汇、压井管汇、控制阀门、防喷管线压力等级应与防喷器相匹配。节流管汇、压井管汇上所有闸阀应挂牌编号，并标明开、关状态。

（6）放喷管线布局要考虑当地风向、居民区、水源、道路及各种设施的影响。

①天然气井应装两条放喷管线，接出井口 75m 以外远，放喷口前方 50m 以内不得有各种设施。一级风险油井至少装一条放喷管线，接出井口 50m 以外远。二级及三级风险油井至少应接一条放喷管线至钻井液池。

②高含硫气井放喷管线必须接出井口 100m 以外远，两条放喷管线的夹角为 90°~180°。

（7）放喷管线用 ϕ127mm 钻杆，其通径不小于 78mm，放喷管线不允许现场焊接。

（8）放喷管线一般情况下要求安装平直，需要转弯时，要采用角度不小于

120°的铸钢弯头或使用 90°铸钢专用两通。

（9）放喷管线每隔 10~15m 在转弯处及管线端口，要用水泥基墩、地脚螺栓及压板固定，压板下面垫胶皮；放喷管线端口使用双卡固定；使用整体铸（锻）钢弯头时，其两侧用卡子固定。

（10）水泥基墩的预埋地脚螺栓直径为 20mm，长度为 800mm。水泥基墩尺寸大于 800mm×800mm×800mm。

（11）钻井液回收管线内径不小于 78mm，天然气井回收管线出口接至一号钻井液罐，并用 φ20mm 的螺栓及压板固定牢靠；一级风险油井接至钻井液沉砂池；拐弯处必须使用角度不小于 120°的专用铸钢弯头，固定牢靠。

（12）压井管汇与节流管汇装在井架的外侧。

（13）所有压力表必须抗震，天然气井节流压井管汇中高、低压力表量程分别为 40MPa 和 10MPa，油井节流压井管汇中高压量程表量程为 25MPa，低压量程表量程不超过 10MPa。压力表下必须有高压控制阀门，并用螺纹或双面法兰钻孔固定，压力表支管不能焊在防喷管线上。压力级别提高时，按测量压力最大值再附加 1/3 的原则选择压力表。

（14）放喷管线应采取防堵及防冻措施，保证管线畅通。

（15）天然气井配备专用点火装置或器具。

4.3.4 其他井控装置安装要求

其他井控装置包括钻具内防喷器工具、钻井液池面检测仪、钻井液自动灌注系统、钻井液液气分离器、钻井液除气器、点火装置等。它们的安装要求如下：

（1）钻具止回阀应符合相关标准规定并满足以下要求：

① 钻具止回阀的安装位置以最接近钻柱底端为原则，不能安装钻具止回阀时，应制定相应内防喷措施。

② 在钻具中接入的投入式止回阀，其阀座短节尺寸要和所有的钻具一致，投入阀芯应能从短节上部钻具的最小水眼通过。

③ 钻台上应配置和钻具尺寸一致的备用钻具止回阀。

（2）钻具旁通阀应按井控设计要求配备。额定工作压力、外径、强度应和钻具止回阀一致。安装位置如下：

① 应安装在钻铤与钻杆之间。

② 无钻铤的钻具组合，应安装在距钻具止回阀 30~50m 处。

③ 水平井、大斜度井，应安装在井斜 50°~70°井段的钻具中。

（3）钻井液池液面检测仪应能准确显示钻井液池液量的变化，并在液量超过预调范围时报警。坐岗观察钻井液罐液面高度的标尺刻度，宜根据钻井液罐尺寸换算成立方米体积单位标注，以便快速直读。

（4）钻井液自动灌注系统功能如下：

① 定时定量自动灌注作业。

② 对井涌、井漏或异常情况进行监测报警。

③ 对灌注钻井液瞬时排量、累积流量进行记录和显示。

钻井液自动灌注系统应有强制人工灌注保障措施，确保当自动灌注系统失效时，可人工完成钻井液灌注等作业。

（5）钻井液液气分离器和钻井液除气器安装要求如下：

① 钻井液液气分离器在节流管汇汇流管出口一侧，与节流管汇用专用管线连接。其钻井液出口管线应接至循环罐上的振动筛。

② 钻井液液气分离器排气管线走向应沿当地季风的下风方向，按设计通径接出井场 50m 以外远，并应配备性能可靠的点火装置。

③ 钻井液液气分离器的钻井液进出口管线、排气管线应采用法兰连接，通径应不小于设计进出口尺寸，转弯处应有预制铸（锻）钢弯头，各管线出口处应固定牢固。

④ 钻井液除气器安装在钻井液循环罐或地面上。设备和管线应固定牢固，避免吸入或排出钻井液时产生太大的震动。除气器排气管线应接出 15m 以外远。

（6）固定（或自动）点火装置应建立维护、检查及使用制度，确保点火装置在高速、高压流体作用下的正常工作。

4.4　井控装备的检修、使用与管理

4.4.1　井控装置检修周期规定

（1）防喷器、四通、闸阀、远程控制台、司钻控制台、节流压井管汇及内防喷工具等装置，在天然气井现场使用或存放不得超过半年，在油井现场使用或存放不得超过 1 年。超过使用期，必须送井控车间检修。

（2）井控装置已到检修周期，而井未钻完，在保证井控装置完好的基础上可延期到完井。

（3）实施压井作业的井控装置，完井后必须返回井控车间进行全面检修。

4.4.2　井控装置及管线的防冻保温工作

（1）远程控制台及液控节流阀控制箱采用低凝抗磨液压油，防止低温凝结或稠化影响防喷器和液动阀的操作。

（2）气温低于−10℃时，要对远程控制台、司控台、液控管线及气管束采取保温措施。

（3）防喷器、防喷管线、节流、压井管汇和放喷管线等防冻保温有以下几种方法：

方法1：排空液体。

① 把防喷管线、节流及压井管汇和放喷管线，从井口向两边按一定坡度进行安装，以便排除管内积液。

② 用压缩空气将防喷管线、节流及压井管汇和放喷管线内的残留液体吹净。

方法2：充入防冻液体。将防喷管线、节流及压井管汇内钻井液排掉，再用防冻液、柴油充满以防冻。

方法3：用暖气或电热带随管汇走向缠绕进行防冻保温。

4.4.3 井控装置的使用

4.4.3.1 环形防喷器的使用

（1）在井内有钻具时发生井喷，采用软关井的关井方式，则先用环形防喷器控制井口，但不能长时间关井，一者胶芯易过早损坏，二者无锁紧装置。非特殊情况，不用环形防喷器封闭空井（仅球形类胶芯可封空井）。

（2）套压不超过7MPa情况下，用环形防喷器进行不压井起下钻作业，必须使用带18°斜坡的钻杆，起、下钻接头通过环形防喷器时速度要慢，起下钻速度不得大于0.2m/s。但不准转动钻具或使钻具接头通过胶芯。所有钻具不能带有防磨套或防磨带。

（3）环形防喷器处于关闭状态时，允许上下活动钻具，不许旋转和悬挂钻具。

（4）严禁用打开环形防喷器的办法来泄井内压力，以免发生井喷或刺坏胶芯。但允许钻井液有少量的渗漏。

（5）每次开井后必须检查环形防喷器是否全开，以防刮坏胶芯。

（6）进入目的层时，要求环形防喷器做到开关灵活、密封良好。每起下钻具一次，要试开关环形防喷器一次，检查封闭效果，发现胶芯失效，立即更换。

（7）环形防喷器的关井油压不允许超过10.5MPa，为延长胶芯使用寿命，可根据井口压力、所封钻杆尺寸及作业情况，调节降低关井油压。

（8）橡胶件的存放要求如下：

① 先使用存放时间较长的橡胶件。

② 橡胶件应放在光线暗的室内，远离窗户和天窗，避免光照。人工光源应控制在最小量。

③ 存放橡胶件的地方必须按要求做到恒温27℃，同时保持规定的湿度。

④ 橡胶件应远离电动机、开关，或其他高压电源设备。高压电源设备产生臭氧对橡胶件有影响。

⑤ 橡胶件应尽量在自由状态存放，防挤压。

⑥ 保证存放地方干燥，无水、无油。

⑦ 如果橡胶件必须长时间存放，则可考虑放在密封环境中，但不能超过橡胶失效期。

4.4.3.2 闸板防喷器的使用

（1）半封闸板的通径尺寸应与所用钻杆、套管等管柱尺寸相对应。

（2）井中有钻具时切忌用全封闸板关井。

（3）双闸板防喷器应记清上下全封、半封位置，包括剪切闸板。

（4）长期关井时应手动锁紧闸板。

（5）长期关井后，在开井以前必须先将闸板解锁，然后再液压开井。未解锁不许液压开井；未液压开井不许上提钻具。

（6）闸板在手动锁紧或手动解锁操作时，两手轮必须旋转足够的圈数，确保锁紧轴到位，并反向旋转 1/4~1/2 圈。

（7）液压开井操作完毕后应到井口检查闸板是否全部打开。

（8）半封闸板关井后严禁转动或上提钻具。

（9）钻开油气层后，定期对闸板防喷器进行开、关活动及对环形防喷器试关井（在有钻具的条件下）。

（10）半封闸板不准在空井条件下试开、关。

（11）防喷器处于"待命"工况时，应卸下活塞杆二次密封装置观察孔处丝堵。防喷器处于关井工况时，应有专人负责注意观察孔是否存在液体流出现象。

（12）配装有环形防喷器的井口防喷器组，在发生井喷时应按以下顺序操作：首先关环形防喷器，保证一次关井成功，防止闸板防喷器关井时发生"水击效应"。第二步用闸板防喷器关井，充分利用闸板防喷器适于长期封井的特点。关井后，及时打开环形防喷器。

（13）关井时井内管柱应处于悬吊状态。

（14）严禁用打开防喷器的方式来泄井内压力。

（15）有二次密封的闸板防喷器和平行闸板阀，只能在其密封失效至严重漏失的紧急情况下才能使用二次密封功能，且止漏即可，待紧急情况解除后，立即清洗更换二次密封件。

（16）安装剪切闸板防喷器的井，由于钻具内防喷工具失效或井口处钻具弯曲等原因造成井喷失控而无法关井，采取其他措施也无法控制井口时，用剪切全封闸板剪断井内管柱。

其操作程序如下：

① 在确保管柱接头不在剪切全封闸板剪断井内管柱位置后，锁定钻机绞车刹车装置。

② 关闭剪切全封闸板防喷器以上的环形防喷器、闸板防喷器。

③ 打开主放喷管线泄压。

④ 在钻杆上（转盘面上）适当位置安装相应的钻杆死卡，用钢丝绳与钻机连接固定牢固。

⑤ 打开剪切全封闸板防喷器以下的半封闸板防喷器。

⑥ 打开防喷器远程控制台储能器旁通阀，关闭剪切全封闸板防喷器，直到剪断井内管柱。

⑦ 关闭全封闸板防喷器，控制井口。

⑧ 手动锁紧全封闸板防喷器和剪切全封闸板防喷器。

⑨ 关闭防喷器远程控制台储能器旁通阀。

⑩ 将远程控制台的管汇压力调整到规定值。

操作剪切闸板防喷器时应注意：

① 加强对远程控制台的管理，绝不能因误操作而导致管柱损坏或更大的严重事故。

② 操作剪切全封闸板防喷器时，除防喷器远程控制台操作人员外，其余人员全部撤至安全位置，同时按应急预案布置警戒、人员疏散、放喷点火及之后的应急处理工作。

③ 处理事故剪切管柱后的剪切闸板，应及时更换，不应再使用。

④ 剪切全封闸板防喷器的日常检查、试压、维护保养，按全封闸板防喷器的要求执行。

⑤ 现场配备直径 127mm、直径 88.9mm 的钻杆死卡各一副。

4.4.3.3　旋转防喷器的使用

（1）当井内有压力，在全封闸板防喷器关闭的情况下，开始下钻时，旋转总成以下接的钻头或其他工具的总长度，不得大于全封闸板至旋转总成下端之间的距离，否则旋转总成装不上去。

（2）用泄压塞泄压时，不能太快，注意安全，泄压完应旋紧泄压塞再进行下一步工作。每次使用旋转总成时，旋转总成外壳的两卡块要对准壳体上的两槽，要检查旋转总成是否与壳体连接好，定位销是否插上。

（3）旋转总成上提下放时，要扶正且缓慢进行，不能太快太猛，以免损坏胶芯、O 形圈与其他零件。

（4）钻进时，须保证设备的循环冷却液不间断。起下钻或拆装旋转总成时，应停止供液，做到先冷却循环后开钻，先停钻后停液。

（5）旋转总成与胶芯总成内孔，不允许各式钻头通过，以免损坏胶芯及中心管。

（6）为增强密封并延长胶芯使用寿命，在钻进与起下钻过程中，应在中心管与钻具间的环空内灌满水或钻井液或混有机油的水，以利润滑与降温，同时建议钻井作业用六方钻杆与斜坡钻杆。

4.4.3.4　防喷器控制装置的使用

地面防喷器控制装置是"养兵千日，用兵一时"的重要设备，因此，为了在紧急情况下确保防喷器控制装置能有效、可靠、迅速地控制井喷，必须对有关人员进行技术培训，使管理与使用人员懂结构、懂原理、会安装、会操作、会维护保养、会排除故障。

（1）在正常钻进情况下，远程控制台各转阀的手柄位置是：各防喷器处于"开"位，放喷阀处于"关"位，旁通阀处于"关"位。

（2）司钻控制台转阀为二级操作，使用时应先扳动气源阀，同时扳动相应的控制转阀。由于空气管缆为细长的管线，需要一段响应时间，扳动转阀手柄后应停顿 3s 以上，确保远程控制台相应转阀完成动作。

（3）控制装置与防喷器连接的液压或气管线均不得通过车辆，防止压坏。

（4）控制装置在正常钻进时应当每班进行一次检查，检查内容包括：油箱液面是否正常；蓄能器压力是否正常；电器元件及线路是否安全可靠；油气管路有无漏失现象；压力控制器和液气开关自动启、停是否准确、可靠；各压力表显示值是否符合要求；根据有关安全规定进行防喷器开、关试验。

4.4.3.5　节流压井管汇的正确使用

（1）选用节流管汇、压井管汇必须考虑预期控制的最高井口压力、控制流量以及防腐等工作条件。

（2）选用的节流管汇、压井管汇的额定工作压力应与最后一次开钻所配置的钻井井口装置工作压力值相同。

（3）节流管汇通径应符合预计节流流量，符合 SY/T 5323—2016 的要求，高产气井用节流管汇通径不小于 103mm，高压高产气井节流管汇应有缓冲管，压井管汇通径不得小于 50mm。

（4）节流管汇五通上接有高、低压量程的压力表，低量程压力表下安装有截止阀。

（5）节流阀开位处于 3/8 ~ 1/2 之间，关井时，先关防喷器，然后再关闭节流阀。

（6）平行闸板阀阀板及阀座处于浮动状态才能密封，因此开、关到底后必须再回转 1/4~1/2 圈。

（7）平行闸板阀是一种截止阀，不能用来泄压或节流。

（8）平板闸板上有两个注入阀：塑料密封脂注入阀（阀体外有 1 个六方螺钉）和密封润滑脂注入阀（阀体外有 1 个六方螺母压紧顶针），二者不能装错，否则易刺坏油嘴，引起失效。

（9）节流控制箱上的速度调节阀是用来调节节流阀开关速度的，不能关到底，否则，无法控制节流阀的启闭。

（10）节流管汇控制箱上的套、立压表是二次压力表，不能用普通压力表代替。

（11）按季节正确选择节流管汇控制箱液压油，确保节流阀从全开到全关在 2min 内完成。

（12）压井管汇不能用作日常灌注钻井液用。

（13）井控管汇上所有闸阀都应挂牌编号并标明其开、关状态。

4.4.3.6 防喷与放喷管汇的正确使用

（1）放喷管线全部使用法兰连接，用钻杆做放喷管线时，可直接用钻杆螺纹连接，但要外螺纹端朝外。

（2）放喷管线和连接法兰应全部露出地面，不得用管穿的方法实施保护。

（3）在含硫和高压地区钻井，四条放喷管线出口都应接出距井口 100m 以外远，并具备放喷点火条件。

（4）所有防喷管线、放喷管线、节流压井管汇的闸阀应为明杆阀，不能使用无显示机构的暗杆阀。

（5）液气分离器排气管线应接出液气分离器 50m（欠平衡井 75m）以外远有点火条件的安全地带，其出口点火时不影响放喷管线的安全，排气管线应从液气分离器单独接出。

（6）接一条中压软管至防溢管作为起钻灌钻井液用，严禁用压井管线灌钻井液。

（7）套管头、防喷管线及其配件的额定工作压力应与防喷器压力等级相匹配。最大允许关井套压值在节流管汇处要挂牌标注。

4.5 井控装备的检修与使用

4.5.1 环形防喷器的维护保养

（1）每口井用完后，拆开与防喷器连接的液压管线，孔口用丝堵堵好，清除防喷器外部和内腔的脏物，检查各密封件及配合面，然后在螺栓孔、垫环槽、顶盖内球面、活塞支撑面等处，涂防水黄油润滑防锈。

（2）拆开后的连接件，如垫环、螺栓、螺母、专用工具点齐装箱，以免丢失。

（3）经常检查各处螺钉松动情况，发现松动及时拧紧。

（4）要保持液压油的清洁，防止脏物进入油缸，以免拉坏油缸、活塞。

（5）所有橡胶备件，均应按下列规定合理存放：根据入库先后、新旧程度编号，先旧后新，依次使用；必须存放在较暗而干燥的室内，在松弛状态下存放，严禁放于露天，不可受弯受挤压，最好平放于木箱内。O 型圈不得挂于木桩上；不得接触腐蚀介质，要远离电机、高压电气设备，以免因此产生臭氧腐蚀橡胶件。

（6）胶芯是环形防喷器能否起到封井作用的关键件，一旦损坏严重就起不了封井作用。因此发现严重损坏就必须及时更换。更换胶芯应尽量在后勤基地进行。

4.5.2　闸板防喷器的维护保养

防喷器每服务完一口井都要进行全面的清理、检查，有损坏的零件及时更换，壳体闸板腔涂油防锈，连接螺纹部分涂螺纹脂。

4.5.2.1　闸板及闸板密封胶芯的更换

闸板密封胶芯是防喷器能否起封井作用的关键件，一旦损坏，防喷器就起不了封井作用。因此必须保证完整无损，发现密封面损坏，必须及时更换。

更换闸板及闸板密封胶芯的步骤如下：

（1）用液压油打开闸板，使闸板处于开启位置；

（2）松开侧门螺栓，注意若防喷器装在井上，井内如有压力是不能卸侧门螺栓的；

（3）关闭油阀，即将油阀拧到底，并拧紧；

（4）用小于 10.5MPa 的液压油打开侧门，即实施关闭闸板动作，将侧门打开到极限位置；

（5）若此时闸板没有处于开启位置，则操作液控装置的"打开闸板"动作，将闸板打开到全开位置即停，防止侧门关闭，必要时可在侧门和壳体间垫两块尺寸相同的木方；

（6）将闸板总成从闸板轴尾部向上提出。取出闸板总成时，注意保护开、关侧门活塞杆，避免磕碰及擦伤；

（7）更换闸板橡胶件，先向上撬出顶密封，然后向前卸掉前密封，更换新胶芯。装配顺序相应反顺序即可。

4.5.2.2 液缸总成的修理与更换

（1）闸板轴密封、活塞密封、锁紧轴密封，以及开、关侧门活塞杆密封如有损坏漏油，均应拆卸进行检修，具体步骤如下：

① 用小于 10.5MPa 的压力，操作液控装置的"关闭闸板"动作打开侧门，取下闸板总成；

② 泄掉液缸内的压力，在液缸下面放置 1 个干净油盆，防止拆卸中液压油流到地面；

③ 卸掉缸盖固定双头螺柱及螺母，拧下缸盖与锁紧轴，将锁紧轴从缸盖中轻轻打出；

④ 取下液缸、缸筒；

⑤ 拔出闸板轴；

⑥ 用吊车吊住侧门，拧下开、关侧门活塞杆。

⑦ 卸掉挡圈，取出侧门内的闸板轴密封圈，同样方法取出缸盖内的锁紧轴密封圈。

（2）卸后的检查部位如下：

液缸、缸筒内壁：液缸、缸筒内表面产生纵向拉伤深痕时，即使更换新的密封圈也不能防止漏油，应换新的液缸、缸筒，同时检查活塞等相关件，找出拉伤原因并予以解决，如果伤痕是很浅的线状摩擦伤痕或点状伤痕，可用极细的砂纸和油石修复。

闸板轴、锁紧轴及开、关侧门活塞杆密封表面：密封表面有拉伤时，判断和处理方法同液缸。如果镀层剥落，将会产生严重漏失，必须更换新件。

密封圈：应首先检查密封件的唇边有无磨损情况，以及 O 形密封圈有无挤出切伤等，当发现密封件有损坏或伤痕时，要予以更换。

活塞：活塞的活动密封面不均匀磨损的深度超过 0.2mm 时，就应更换，其他表面不能有明显影响密封的伤痕。

4.5.2.3 液缸总成的安装

安装时依照拆卸的反顺序进行，但要注意以下几点：

（1）检查零件有无毛刺或尖棱，如有应去掉，这样才能保证密封圈不会被刮伤，并注意保持清洁。

（2）装入密封圈时，密封圈表面要涂润滑油，相对密封面也要涂油，以利于装配。

（3）注意唇形密封圈的方向，唇边开口对着有压力的一方。

（4）注意使密封圈能顺利地通过螺纹部分，不要刮坏。

4.5.2.4　侧门密封圈的更换

当侧门密封圈的密封橡胶件或骨架损坏时，就需要拆除侧门密封圈，具体步骤如下：

（1）用液压打开侧门。

（2）用两个 M10 的顶丝拧入侧门密封圈上下两侧的螺孔内，将侧门密封圈顶出，顶出时同时撬动左右两侧。在安装密封件时应注意：侧门密封圈是有方向性的，即橡胶弹簧应装在骨架端面有横槽的一面，而且这一面在侧门密封圈槽底，唇形密封圈的唇边在侧门密封圈槽底一侧。

（3）安装侧门密封圈。在侧门密封圈槽中和侧门密封圈上涂润滑油，将侧门密封圈放入槽中，用螺丝刀轻轻将唇边密封圈的唇边压入槽内，在左右两端用两个 M10 的螺栓将侧门密封圈压入槽中，然后取出螺栓。

4.5.2.5　开、关侧门活塞杆的拆装

当开、关侧门活塞杆与壳体或侧门相配合的密封圈损坏时，或者需要修理侧门时，就需要拆卸开、关侧门活塞杆，开、关侧门活塞杆与壳体是螺纹联结，并在其上靠近壳体处有扳手扁方。

应按照以下程序进行拆卸和安装：

（1）拆除液缸总成，只留下侧门和开、关侧门活塞杆；

（2）将侧门推到靠近壳体的部位，以不影响扳手操作为准；

（3）用吊车轻轻吊挂侧门，使侧门对开、关侧门活塞杆的下压程度减小到最小；

（4）逆时针旋转开、关侧门活塞杆，将其向外旋出，注意：如果在旋转中出现转动不畅时，不应强制加力拆卸，以免损坏开、关侧门活塞杆与壳体的配合表面，这时应调整侧门的吊挂程度，然后再进行试拆装。

（5）装配时与上述方法相同，注意应在配合表面和螺纹上涂润滑油，并且在装配开、关侧门活塞杆前检查各部位的密封圈是否都安装到位。

4.5.3　旋转防喷器的维护保养

（1）钻进时，如果轴承或组合密封圈温度超过规定温升（30℃不含环境温度）时，应暂时停止钻进进行检查，找出原因并整改后再继续钻进；

（2）旋转总成每次起出时，应检查旋转总成外壳上的密封圈有无损坏，如有损坏应更换。

（3）更换组合密封圈时，先卸掉胶芯总成，然后用 S5 的内六角扳手卸下端面的 3 颗内六角紧定螺钉 M10×16 和 3 颗内六角紧定螺钉 M10×30，依

次卸掉圆螺母及悬挂接头，再卸掉 M12×30 的螺钉，最后卸掉密封盒，连带整套组合密封圈取出。换好新的组合密封圈后，可按拆卸时相反的顺序装好有关零部件。更换过程中，应检查有关部位的 O 形密封圈有无损坏，如有损坏应更换；

（4）如发现轴承压盖处漏油，可以通过旋进螺钉 M12×30 压紧 V 形密封圈进行补偿密封。V 形密封圈磨损严重时，须更换 V 形密封圈。更换 V 形密封圈时，先卸下旋转补芯总成和转动套，再依次卸下螺钉 M12×30、压帽、压环，取出 V 形密封圈，换上新的 V 形密封圈（3 件硬的，2 件软的），再按相反顺序装上相关零件即可。

（5）若轴承损坏严重，须更换轴承。根据以上步骤先卸掉下部胶芯，再卸掉组合密封圈和中心管衬套，再卸下轴承压盖，将中心管总成从旋转总成外壳中提出，然后依次卸掉向心滚子轴承、单向推力圆柱滚子轴承。安装时按以上相反顺序进行。安装时若不能顺利装入，可先用清质液压油加热之后迅速套入中心管，若有卡阻，可用铜棒同时对称敲击。

（6）该设备在使用过程中，应保持清洁。旋转总成取出再用时，应保持接触面（包括壳体）与密封面的干净；

（7）每钻完一口井，设备应进行一次清洗检修，以保持设备的良好性能；

（8）设备停用期间，应放在阴凉干燥处，防止日晒雨淋，并注意底法兰垫环槽的保护与润滑；

（9）备用密封胶芯，应放在阴凉干燥地方，防止暴晒与冷冻，保持清洁，注意 O 形密封圈槽、螺纹孔的保护与润滑。

4.5.4 远程控制台的维护保养

（1）各滤油器及油箱顶部加油口内的滤网应定期进行拆检，取出滤网，认真清洗，严防污物堵塞，拆检的周期取决于油箱内液压油的清洁度。

（2）气源处理元件中的分水滤气器：每天打开下端的放水阀一次，将积存于杯子内的污水放掉。每两周取下过滤杯与存水杯清洗一次，清洗时用汽油等矿物油滤净，压缩空气吹干，勿用丙酮、甲苯等溶液清洗，以免损坏杯子。

（3）气源处理元件中的油雾器：每天检查其杯中的液面一次，注意及时补充与更换润滑油（N32 号机油或其他适宜油品），发现滴油不畅时应拆开清洗。

（4）定期检查蓄能器预充氮气的压力。最初使用时应每周检查一次氮气压力，以后在正常使用过程中每月检查一次，氮气压力不足 6.3MPa（900psi）时应及时补充。检查氮气压力必须在蓄能器瓶完全泄压的情况下进行，可利用蓄能器底部带有卸荷功能的球阀卸压。

（5）随时检查油箱液面，定期打开油箱底部的丝堵排水，检查箱底有无泥沙，必要时清洗箱底。

（6）定期检查电动油泵、气动油泵的密封圈，密封圈不宜过紧以避免密封圈过热，只要不明显漏油即可，遇有密封圈损坏时应给予更换。

（7）拆卸管线时，应注意勿将快换活接头的 O 形密封圈丢失。拆卸后，这些密封圈应分别收集到一起，妥善保管。

（8）经常擦拭远程控制台、保持清洁，注意勿将各种标牌碰掉。

（9）压力表、压力传感器等应根据使用地国家有关仪器、仪表的相关要求进行定期检测。

4.5.5　节流压井管汇维护保养

4.5.5.1　正常使用中的检查项目

节流压井管汇正常使用中的检查项目见表 4-1。

表 4-1　节流压井管汇正常使用中的检查项目

序号	检 查 项 目
1	定期检查管线上的压力表显示，并做好记录
2	定期检查法兰连接螺栓松紧程度和完好情况，检查各处法兰连接是否存在漏气情况
3	定期检查管汇下游管线是否存在异常现象
4	定期检查阀门是否存在漏油（气）现象，按照有关操作过程，分期检查每套阀门的开关性能
5	定期检查节流阀上下游压力变化，及时了解节流阀工作情况

4.5.5.2　月度定期保养项目

节流压井管汇月度定期保养项目见表 4-2。

表 4-2　节流压井管汇月度定期保养项目

序号	保 养 项 目
1	包括正常使用中的检查项目
2	对阀门轴承座上的油杯加注锂基润滑脂，保证轴承转动灵活
3	清理管汇表面的油污

4.5.5.3　季度定期保养项目

节流压井管汇季度定期保养项目见表 4-3。

表4-3 节流压井管汇季度定期保养项目

序号	保 养 项 目
1	包括月度定期保养内容
2	通过阀门阀盖上的密封脂注入孔注入7903密封脂,使阀板和阀座得到润滑,并可密封微小的渗透

4.5.5.4 平板阀的维护与保养

平板阀正常的维护保养应按照月度保养和季度保养内容执行,如有零部件的损坏,应按照更换内容选择相应的更换步骤实施。

4.5.5.5 阀门的注脂方法

阀门注密封脂方法:在对阀门进行补注密封脂之前,一定要先考虑阀体的内部压力,所使用的高压注塑枪的压力一定要大于内部压力,才能将密封脂成功注入。注脂方法如下:

(1) 在注塑枪内装入7903密封脂,通过软管连接到阀门阀盖上的注入阀。

(2) 操作注塑枪,注入密封脂。

4.5.5.6 节流阀的维护与保养

(1) 更换阀板与阀座。

① 卸掉阀腔压力,拆除阀盖螺栓,将阀板和阀盖以上部分一起取出。

② 拆除带槽圆螺母、开关销、六角螺钉、前后止动帽,则可更换筒形阀板,同时更换阀座(可借助于铜棒)。

③ 清洗阀腔,应特别小心密封面处。

④ 更换新的阀板、阀座,应在闸板和阀盖凸台部分之前的空隙处用密封脂塞满,并在上盖内部加满钙基润滑脂,以便润滑轴承。

(2) 更换唇形填料盘根。

执行先卸掉阀腔压力,然后拆卸护罩、圆螺母、手轮、轴承压盖、轴承、填料压盖,再更换唇形填料。

(3) 更换轴承。

卸掉护罩、圆螺母、手轮、轴承压盖,这时可换上轴承。若要更换下轴承,需卸掉阀杆螺母,轴承间隙由轴承盖调整,调整完毕后,转动手轮应运动灵活,无卡阻。

4.6 井控装备的现场试压

4.6.1 现场井控装置试压的目的及顺序

（1）检查及测试井口防喷器、井控管汇的承压强度、连接质量和设备整体强度，以确保被试压设备在整个钻井过程中不刺不漏。

（2）检查及测试井口防喷器各个密封部件在溢流初期关井的情况下是否能产生有效地密封，做到早期关井，以尽快平衡地层压力，制止进一步溢流。

现场井控设备试压顺序（图4-1）：

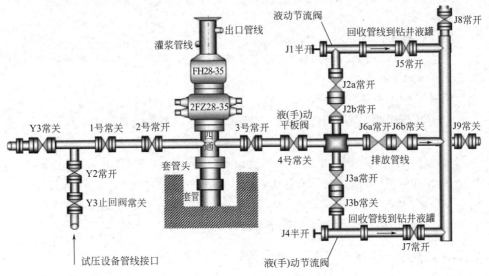

图4-1 现场井控装备试压示意图

（1）井口防喷器组：（先上后下）环形防喷器→全封闸板防喷器→半封闸板防喷器。

（2）节流管汇：（先里后外，从右向左）3号→4号→J2b、J3a和J6a→J2a、J3b和J6b→J5、J7和J9→J8。

（3）压井管汇：（先外后里，从右向左）2号→1号和Y3→Y2。

4.6.2 现场井控装置试压标准及要求

（1）对所有的防喷器，节流、压井管汇及阀件均要逐一试压，节流阀不作密封试验。

（2）全套井口装置在现场安装好后，在不超过套管抗内压强度 80% 的前提下，环形防喷器封闭钻杆试压到额定工作压力的 70%；闸板防喷器、方钻杆旋塞阀、四通、压井管汇、防喷管线和节流管汇（节流阀前）试压到额定工作压力；节流管汇各阀门分别试至额定工作压力；天然气井的放喷管线试验压力不低于 10MPa。以上各项试压，稳压时间均不少于 10 分钟，密封部位无渗漏为合格（允许压降参考值不大于 0.7MPa）。同时应做 1.4~2.1MPa 的低压试验。

（3）井控装置试压介质均为清水（冬季加防冻剂，同时试完压后应该清空）。

4.6.3　现场试压准备工作

（1）钻井技术员或值班干部组织召开安全会，学习作业程序，进行岗位分工。

（2）检查闸板防喷器是否按标准要求安装。

① 井口找正，套管与转盘中心偏差不大于 10mm，上紧底法兰螺纹；井口用水泥回填牢固。

② 法兰钢圈上平，螺栓齐全，对称上紧，螺栓两端外螺纹均匀露出。

③ 防喷器用四根不小于 ϕ16mm 钢丝绳和导链或者紧绳器对角对称拉紧。

（3）确认管汇各闸阀处于待命工况。

（4）防喷器控制系统处于待命工况，蓄能器压力为 21MPa，环形和管汇压力为 10.5MPa，气源压力为 0.65~0.8MPa。

（5）试压设备（包括钻井液泵或试压泵、水泥车等）管线完好，连接可靠。

（6）试压区域设置安全隔离警示标志。

4.6.4　现场设备试压作业程序

4.6.4.1　环形防喷器基本试压步骤

（1）试压泵（或水泥车）连接压井管汇的单流阀。

（2）打开防喷管线的 1 号阀。

（3）吊一根钻杆，下至套管内，然后关闭环形防喷器。

（4）启动试压泵（或水泥车），井筒憋压至规定值。

（5）憋压完毕，稳压一定时间，观察压降，进行记录。

（6）试压完毕，打开防喷管线的 4 号阀，从节流管汇处泄压。

（7）打开环形防喷器，恢复待命工况。

4.6.4.2　闸板防喷器基本试压步骤

（1）全封闸板防喷器基本试压步骤：

① 试压泵（或水泥车）连按压井管汇的单流阀。

② 关闭防喷管线的 4 号阀。

③ 关闭双闸板防喷器上部的全封闸板。

④ 启动试压泵（或水泥车），井筒憋压至规定值，停泵。

⑤ 憋压完毕，稳压一定时间，观察压降，进行记录。

⑥ 试压完毕，打开防喷管线的 4 号阀，从节流管汇处泄压。

⑦ 打开全封闸板防喷器，恢复待命工况。

（2）半封闸板防喷器基本试压步骤：

① 试压泵（或水泥车）连接压井管汇的单流阀。

② 关闭防喷管线的 4 号阀。

③ 吊一根与半封闸板芯相匹配的钻杆，下至套管内，然后关闭半封闸板。

④ 启动试压泵（或水泥车），井筒憋压至规定值，停泵。

⑤ 憋压完毕，稳压一定时间，观察压降，进行记录。

⑥ 试压完毕，打开防喷管线的 4 号阀，从节流管汇处泄压。

4.6.4.3　节流管汇基本试压步骤

（1）3 号平板阀基本试压步骤：

① 试压泵（或水泥车）连接压井管汇的单流阀。

② 关闭防喷管线 3 号阀。

③ 启动试压泵（或水泥车），井筒憋压至规定值，停泵。

④ 憋压完毕，稳压一定时间，观察压降，进行记录。

⑤ 试压完毕，打开防喷管线的 3 号阀，从节流管汇处泄压。

（2）4 号平板阀基本试压步骤：

① 试压泵（或水泥车）连接压井管汇的单流阀。

② 关闭防喷管线的 4 号阀。

③ 启动试压泵（或水泥车），井筒憋压至规定值，停泵。

④ 憋压完毕，稳压一定时间，观察压降，进行记录。

⑤ 试压完毕，打开防喷管线的 4 号阀，从节流管汇处泄压。

（3）J2b、J3a 和 J6a 平板阀基本试压步骤：

① 试压泵（或水泥车）连接压井管汇的单流阀。

② 关闭 J6a、J2b 和 J3a。

③ 启动试压泵（或水泥车），井筒憋压至规定值，停泵。

④ 憋压完毕，稳压一定时间，观察压降，进行记录。

⑤ 试压完毕，打开防喷管线的 J2b，从节流管汇处泄压。

（4）J2a、J3b 和 J6b 平板阀基本试压步骤：

① 试压泵（或水泥车）连接压井管汇的单流阀。

② 打开 J6a、J3a，关闭 J2a（J3b 和 J6b 本来就处于关闭状态）。

③ 启动试压泵（或水泥车），井筒憋压至规定值，停泵。

④ 憋压完毕，稳压一定时间，观察压降，进行记录。

⑤ 试压完毕，打开防喷管线的 J2a，从节流管汇处泄压。

（5）J5、J7 和 J9 平板阀基本试压步骤：

① 试压泵（或水泥车）连接压井管汇的单流阀。

② 打开 J6b、J3b，关闭 J5、J7（J9 本来就处于关闭状态）。

③ 启动试压泵（或水泥车），井筒憋压至规定值，停泵。

④ 憋压完毕，稳压一定时间，观察压降，进行记录。

⑤ 试压完毕，打开防喷管线的 J5，从节流管汇处泄压。

（6）J8 阀基本试压步骤：

① 试压泵（或水泥车）连接压井管汇的单流阀。

② 打开 J7 阀，关闭 J8 阀；

③ 启动试压泵（或水泥车），井筒憋压至规定值，停泵。

④ 憋压完毕，稳压一定时间，观察压降，进行记录。

⑤ 试压完毕，打开防喷管线的 J8，从节流管汇处泄压。

⑥ 起出钻杆、打开半封闸板防喷器、关闭 1 号阀、4 号阀，恢复待命工况。

4.6.4.4　压井管汇基本试压步骤

（1）2 号阀试压步骤：

① 试压泵（或水泥车）连接压井管汇的单流阀。

② 打开防喷管线的 1 号阀，关闭 2 号阀；

③ 启动试压泵（或水泥车），憋压至规定值，停泵。

④ 憋压完毕，稳压一定时间，观察压降，进行记录。

⑤ 试压完毕，打开防喷管线的 2 号和 4 号，从节流管汇处泄压。

（2）Y3、1 号阀试压步骤：

① 试压泵（或水泥车）连接压井管汇的单流阀。

② 关闭 1 号阀，启动试压泵（或水泥车），憋压至规定值，停泵。

③ 憋压完毕，稳压一定时间，观察压降，进行记录。

④ 试压完毕，打开防喷管线的 1 号和 4 号，从节流管汇处泄压。

（3）Y2 阀试压步骤：

① 试压泵（或水泥车）连接压井管汇的单流阀。

② 关闭 Y2 阀。

③ 启动试压泵（或水泥车），给井筒憋压至规定值，停泵。

④ 憋压完毕，稳压一定时间，观察压降，进行记录。

⑤ 试压完毕，打开防喷管线的 Y2、1 号和 4 号，从节流管汇处泄压。

4.6.5　井口试压资料的收集要求

井口试压资料的收集要求如下：

（1）填写井口现场试压表（表 4-4），由现场监督签字确认后留存；

（2）提供每一步试压的压力曲线或记录，缺少一步试压曲线或记录，则判定试压不合格。

表 4-4　井控装置现场试压表

井 号		井 队 号			试压日期		
监督		井队负责			试压时间		
试压名称	试压介质	试压值，MPa		稳压时间，min	压降，MPa		备注
		设计	实际				
环形防喷器	清水			30			
上半封闸板	清水			30			
下半封闸板	清水			30			
全封闸板	清水			30			
钻井四通	清水			30			
1号、2号、3号、4号闸板	清水			30			
压井管汇各阀门	清水			30			
节流管汇各阀门	清水			30			

监督签字：

年　月　日

4.7　井控装置常见故障与排除

4.7.1　环形防喷器故障判断及排除方法

4.7.1.1　防喷器封闭渗漏

（1）若新胶芯渗漏，可多次活动解决，若支撑筋已靠拢仍不能封闭，则应更换胶芯。

（2）旧胶芯有严重磨损、脱块、已影响使用的，也应及时更换。

（3）若打开过程中长时间未关闭胶芯，使杂物沉积于胶芯槽及其他部位，应清洗胶芯，并按规程活动胶芯。

4.7.1.2 防喷器关闭后打不开

防喷器关闭后打不开是由于长时间关闭后，胶芯产生永久变形老化或是在用于固井后胶芯下有凝固水泥。在这种情况下，只有清洗或更换胶芯。

4.7.1.3 防喷器开关不灵活

（1）液控管线在连接前，应用压缩空气吹扫，且接头要清洗干净。

（2）油路有漏失，防喷器长时间不活动，有脏物堵塞等，均会影响开关灵活性，所以必须按操作规程执行。

4.7.2 闸板防喷器故障原因及排除方法

闸板防喷器故障原因及排除方法见表4-5。

表4-5 闸板防喷器故障原因及排除方法

故障现象	产生原因	排除方法
井内介质从壳体与侧门连接处流出	防喷器壳体与侧门之间密封圈损坏； 防喷器壳体与侧门连接螺栓未上紧； 防喷器壳体与侧门密封面有脏物或损坏	更换损坏的密封圈； 紧固该部位全部连接螺栓； 清除表面脏物修复损坏部位
闸板移动方向与控制阀铭牌标法不符	控制台与防喷器连接油路管线接错	交换连接防喷器的油路管线
液控系统正常，但闸板关不到位	闸板接触导向端有其他物质或沙子、钻井液块的积淤	清洗闸板及侧门
井内介质窜到油缸内，使油中含水汽	活塞杆密封圈损坏； 活塞杆变形或表面拉伤	更换损伤的活塞杆密封圈； 修复损伤的活塞杆
防喷器液动部分稳不住压	防喷器油缸、活塞、活塞杆密封圈损坏，密封表面损伤	更换各处密封圈，修复密封表面或更换新件
侧门铰链连接处漏油	密封表面拉伤，密封圈损坏	修复密封表面，更新密封圈
闸板关闭后封不住压	闸板密封胶芯损坏； 闸板腔上部密封面损坏； 闸板尺寸与井内钻具尺寸不一致	更新闸板密封胶芯； 修复密封面； 更换相应尺寸的闸板

故障现象	产生原因	排除方法
控制油路正常，用液压打不开闸板	锁紧轴未解锁； 闸板被泥砂卡住； 活塞密封圈窜油	锁紧轴解锁，若损坏需更换； 清除泥砂，加大控制压力； 更换活塞密封圈

4.7.3 旋转防喷器故障及其排除方法

旋转防喷器故障原因及排除方法见表4-6。

表4-6 旋转防喷器故障原因及排除方法

故 障	排除方法
密封胶芯泄漏	密封胶芯损坏，更换密封胶芯
组合密封圈泄漏，观察孔见泄漏	组合密封圈损坏，更换组合密封圈
轴承温度过高	如轴承装配无问题，可能是油不清洁，缺油可注入适量锂基润滑脂

4.7.4 远程控制台故障与排除

远程控制台故障原因及排除方法见表4-7。

表4-7 远程控制台故障原因及排除方法

故障现象	产生原因	排除方法
控制装置运行时有噪音	系统油液中混有气体	空运转，循环排气
电动机不能启动	电源参数不符合要求； 电控箱内电器元件损坏、失灵，或熔断器烧毁	检修电路； 检修电控箱，或更换熔断器
电动油泵启动后系统不升压或升压太慢，泵运转时声音不正常	油箱液面太低，泵吸空； 吸油口闸阀未打开，或者吸油口滤油器堵塞； 控制管汇上的卸荷阀未关闭； 电动油泵故障	补充油液； 检查管路，打开闸阀、清洗滤油器； 关闭卸荷阀； 检修油泵
电动油泵不能自动停止运行	压力控制器油管或接头处堵塞或有漏油现象； 压力控制器失灵	检查压力控制器管路； 调整或更换压力控制器

续表

故障现象	产生原因	排除方法
减压溢流阀出口压力太高	阀内密封环的密封面上有污物	旋转调压手轮，使密封盒上下移动数次，以挤出污物，必要时拆检修理
在司钻控制台上不能开、关防喷器或相应动作不一致	空气管缆中的管芯接错、管芯折断或堵死、连接法兰密封垫串气	检查空气管缆

4.7.5　节流压井管汇故障分析及排除

节流压井管汇故障原因及排除方法见表4-8。

表4-8　节流压井管汇故障原因及排除方法

故障现象	产生原因	排除方法
压力表失灵	超压使用或受压力冲击	关闭截止阀后更换
平板阀泄漏	阀板和阀座密封不严；阀杆密封圈损坏	更换阀板和阀座；更换阀杆密封圈

4.8　防喷器判废技术条件

根据中国石油天然气集团公司企业标准 Q/CNPC 41—2001《防喷器判废技术条件》和中国石油化工集团公司企业标准 Q/SH 0164—2008《陆上井控装置判废技术条件》判废。

4.8.1　防喷器判废通用要求

符合下列条件之一者，强制判废：

（1）出厂时间满十六年的。

（2）在使用中发生承压件本体刺漏的。

（3）被大火烧过而导致变形或承压件材料硬度异常的。

（4）承压件结构形状出现明显变形的。

（5）不是密封件原因而致反复试压不合格的。

（6）法兰厚度最大减薄量超过标准厚度12.5%的。

（7）承压件本体或钢圈槽出现被流体刺坏、深度腐蚀等情况，且进行过两次补焊修复或已不能修复的。

（8）主通径孔在任一半径方向上磨损量超过 5mm，且已经进行过两次补焊修复的。

（9）承压件本体产生裂纹的。

（10）承压法兰连接的螺纹孔有两个或两个以上严重损伤，且无法修复的。

4.8.2　防喷器判废特殊要求

（1）环形防喷器符合下列条件之一者，强制判废：

① 顶盖、活塞、壳体密封面及橡胶密封圈槽等部位严重损伤或发生严重变形，且无法修复的。

② 连接顶盖与壳体的螺纹孔，有两个或两个以上严重损伤且无法修复的（仅针对顶盖与壳体采用螺栓连接的结构）；或顶盖与壳体连接用的爪盘槽严重损伤或明显变形的（仅针对顶盖与壳体采用爪盘连接的结构）；或顶盖与壳体连接的螺纹，有严重损伤或粘扣的（仅针对顶盖与壳体采用螺纹连接的结构）。

③ 不承压的环形防喷器上法兰的连接螺纹孔，有总数量的 1/4 严重损伤，且无法修复的。

（2）闸板防喷器符合下列条件之一者，强制判废：

① 壳体与侧门连接螺纹孔有严重损坏且无法修复的。

② 壳体及侧门平面密封部位严重损伤，且经过两次补焊修复或无法修复的。

③ 壳体闸板腔顶密封面严重损伤，且经过两次补焊修复或无法修复的。

④ 壳体闸板腔侧部和下部导向筋磨损量达 2mm 以上，且经过两次补焊修复或无法修复的。

⑤ 壳体内埋藏式油路串、漏，且无法修复，或经两次补焊修复后经油路强度试验又发生串、漏的。

4.8.3　防喷器控制装置判废技术条件

防喷器控制装置具备以下条件之一者，强制判废：

（1）出厂时间满十八年的。

（2）主要元件（泵、换向阀、调压阀及储能器）累计更换率超过 50%的。

（3）维修后，主要性能指标仍达不到行业标准 SY/T 5053.2—2007《钻井井口控制设备及分流设备控制系统规范》规定要求的。

（4）对回库检验及定期检验中发现的缺陷无法修复的。

（5）主要元器件损坏，无修复价值的，分别报废。

4.8.4 井控管汇判废技术条件

井控管汇总成符合下列条件之一者,强制判废:

(1) 出厂时间满十六年的。

(2) 使用过程中承受压力曾超过强度试验压力的。

(3) 管汇中阀门、三通、四通和五通等主要部件累计更换率达 50%以上的。

管汇中主要部件符合下列条件之一者,强制判废:

(1) 管体发生严重变形的。

(2) 管体壁厚最大减薄量超过 12.5%的。

(3) 连接螺纹出现缺损、粘扣等严重损伤的。

(4) 法兰厚度最大减薄量超过标准厚度 12.5%的。

(5) 法兰钢圈槽严重损伤,且进行过两次补焊修复或不能修复的。

(6) 阀门的阀体、阀盖等主要零件严重损伤,且进行过一次补焊修复或不能修复的。

(7) 管体及法兰、三通、四通、五通、阀体、阀盖等部件经磁粉探伤或超声波探伤检测,未能达到 JB/T 4730—2005《承压设备检测 [合订本] 》中Ⅲ级要求的。

4.8.5 钻井液气体分离器判废技术条件

钻井液气体分离器符合下列条件之一者,应判废:

(1) 自投入现场使用之日起,超过生产厂商推荐的使用年限;

(2) 罐体出现断裂、有可见裂纹或经无损探伤有裂纹;

(3) 罐体严重腐蚀、变形或损坏。

符合下列条件之一,按 GB/T 150.1 ~ GB 150.4—2001《压力容器 [合订本] 》要求对钻井液气体分离器进行检验,判定不合格者,应判废:

(1) 在用时间每 6 年至少一次;

(2) 停止使用 2 年以上重新使用的;

(3) 罐体采用焊接方法修理 (改造) 后使用的;

(4) 使用时间无记录或不明确。

第5章 一级井控关键技术

一级井控关键技术就是在井底压力稍大于地层压力的情况下，使地层流体不能侵入到井眼内，实现近平衡压力作业，一级井控的关键在于确定合理的压井液密度，而地层压力、地层破裂压力和地层漏失压力的检测是确定合理的压井液密度的基础。本章主要讨论地层压力预测技术，地层破裂压力、地层漏失压力、地层承压能力现场试验方法，油气上窜速度实用计算方法和钻井作业现场压井液密度的确定方法。

5.1 地层压力检测技术

5.1.1 压力检测的目的及意义

压力检测的目的如下：

（1）异常压力检测和定量求值指导并决定着油气勘探、钻井和采油的设计与施工。

（2）对钻井来说，它关系到高速、安全、低成本的作业甚至钻井的成败。

（3）只有掌握地层压力、地层破裂压力等地层参数，才能正确合理地选择钻井液密度，设计合理的井身结构。

（4）更有效地开发、保护和利用自然资源。

压力检测的意义如下：

地层压力是石油及天然气勘探、开发中非常重要的一个参数。多年以来，石油行业一直致力于不同油藏条件下地层压力预测技术的研究，并形成了预测、监测地层压力的技术理论。

钻井工程所谓的地层压力是"地层孔隙压力、地层破裂压力、地层坍塌压力"的总称。准确的地层压力剖面预测是钻井工程设计与施工的基础，是确定钻井井身结构、钻井液密度、钻井井控及完井等工艺不可缺少的关键数据。只有准确掌握地层的三压力剖面，才能够针对性地采取油气层保护技术措施，并确保钻井施工安全顺利地进行。在新探区或未探明地层条件的情况下，地层压力预测尤为重要，因为在钻穿未知高压层时，地层压力的失控会引起井喷、钻机烧毁和油气藏的严重破坏。

　　孔隙压力预测不准的案例：吉林油田在昌 31 井施工过程中，由于对地层中存在的高压认识不清，钻井过程中的钻井液密度明显偏低，不能平衡地层压力，实际地层压力系数达到了 1.23g/cm³，在钻井施工中发生了井喷，造成了重大经济损失。

　　坍塌压力预测不准的案例：吉林油田第一口欠平衡井（伊 51）采用泡沫进行钻井施工，欠平衡井段钻进过程中，在主力油层差几十米即将钻穿的情况下，井下突然发生井壁坍塌，将几千米的钻具埋于地下。最终被迫中止了欠平衡钻井施工，向井内替入水基钻井液完钻。虽然本井没有造成重大损失，但毫无疑问，合理设计钻井液密度，保证井壁的力学稳定性是保证钻井施工安全的重要措施。

　　正由于地层压力预测在石油钻井中不可或缺的重要性，2000 年，中国石油天然气股份有限公司下发的《钻井工程方案设计规范》中明确规定了，钻井方案及钻井设计必须进行地层压力预测工作，建立起地层三压力（地层孔隙压力、地层破裂压力、地层坍塌压力）剖面，并以此为依据进行钻井设计。

5.1.2　地层压力预测的基本概念

　　地层压力：地层孔隙中流体的压力。压力的法定计量单位为 Pa。对于一般地质问题，单位 Pa 太小，因而 MPa（10^6Pa）更为常用。目前一些非法定计量单位仍然在使用，特别是一些西方石油公司，常用磅力每平方英寸（1bf/in²）或标准大气压（atm）作为压力的单位。对于淡水，其换算关系为：1atm = $1.013×10^5$Pa = 14.70bf/in²。

　　静水压力：良好渗透性地层孔隙流体与地表水系在水动力连通条件下的地层压力。静水压力（也称正常地层压力）不受地层及其上覆地层或流体连通通道形状的影响，其值可由式（5-1）确定。

$$p_h = \rho g D / 1000 \qquad (5-1)$$

式中　p_h——静水压力，MPa；

　　　D——深度，m；

　　　ρ——孔隙水的平均密度，g/cm³。

　　在钻井工程中，地层水密度随深度的变化往往忽略不计，故压力梯度为观察点的压力与从地表到观察点的距离的比值（单位为 Pa/m 或 MPa/m）。在淡水条件下的静水压力梯度为 $1.013×10^{-4}$MPa/m。地层流体的矿化度越高，静水压力梯度就越大。

　　由于地层流体的密度在各个盆地内有所不同，有时变化较大，因而在实际应用中，压力系数的概念更为方便，即观察点的地层压力与该点的静水压力的比值。压力系数为一无量纲数，地层压力为静水压力时其值为 1.0。

　　异常地层压力：当地层中的流体因某种地质条件的作用而高于或低于静水压

力时便称为异常压力。高于静水压力者称为异常高压，或高压、超压，而低于静水压力者则称为低压。

静岩压力：也称为上覆岩层压力，系观察点以上全部地层及沉积水体所造成的压力。

$$p_1 = (\rho_b gD + \rho gd)/1000 \tag{5-2}$$

式中　p_1——静岩压力，MPa；

　　　D——观察点的深度（从沉积界面起算），m；

　　　d——沉积水体深度，m；

　　　ρ_b——上覆地层平均密度，g/cm^3；

　　　ρ——沉积水体的平均密度，g/cm^3。

有效应力：作用在地层岩石骨架颗粒上的应力。研究发现地层中任一点的上覆负荷都是由地层的颗粒和孔隙中的流体共同承担。

$$p_1 = p + \sigma \tag{5-3}$$

式中　p——地层压力，MPa；

　　　σ——有效应力，MPa。

亦即有效应力和地层压力互为消长，异常高的地层压力必然对应着低的有效应力，从而对岩石的力学性质和状态产生影响。在钻井工程中，有效应力的变化将改变井壁的稳定性，甚至在地层中产生破裂。

地层压力的预测：利用欲钻井位处的地震资料及附近已钻井的钻井、录井、测井和测试等方面的资料，在钻井前对欲钻井位地表以下地层压力的估算。

地层压力的监测：在钻井过程中，利用直接测量的正在破碎的地层内与压力有关的参数，实时地估算地层压力，其主要作用在于监视钻头附近地层压力的变化情况，实时地检验和修正压力预测的结果。

地层压力的检测：在钻井之后或钻井过程中，利用已钻阶段的各种资料估算地层压力，与已有的压力预测结果进行对比。压力检测的结果既可用于对欲钻井地下压力分布的预测，也可用于正钻井尚未钻开地层的压力预测。

5.1.3 异常地层压力的成因及影响因素

5.1.3.1 异常地层压力的区分

若设正常地层压力时地层水密度为 ρ_n，则地层压力当量密度 ρ_e，如图 5-1 所示。

当 $\rho_e = \rho_n$ 时，等于 $1.00 \sim 1.07$ g/cm^3 为压力正常；

当 $\rho_e > \rho_n$ 时，大于 1.07 g/cm^3 为异常高压；

当 $\rho_e < \rho_n$ 时，小于 1.0 g/cm^3 为异常低压。

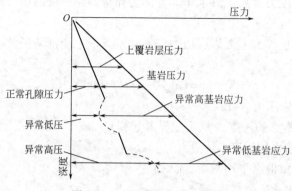

图 5-1　地层压力异常示意图

由于对钻井工程而言最受关注的是异常高压，所以下面所涉及异常地层孔隙压力成因都是指异常高压成因。

5.1.3.2　异常地层压力的基本认识

在沉积盆地的地质环境中，异常流体压力产生的机制有很多种，这些因素与地质作用、构造作用和沉积速度等有关。目前，被普遍公认的成因主要有沉积压实不均、水热增压、渗透作用、构造应力的挤压作用以及由于开启断裂所造成的不同压力系统地层之间的水动力连通。

正常的流体压力体系堪称是一个水利学的"开启"系统，即可渗透的、流体可以流通的地层，它允许建立或重新建立静水压力条件。与此相反，异常高压地层的压力系统基本上是"封闭"的。异常高压和正常压力之间有一个封闭层，它阻止了或至少大大地限制了流体的流通。沉积物的压缩是由上覆沉积层的重力引起的。随着地层的沉降，上覆沉积物重力增加，下覆岩层就逐渐被压实。如果沉积速度较慢，沉积层内的岩石颗粒就有足够的时间重新紧密地排列，并使孔隙度减小，挤出孔隙中的过剩流体。如果是"开放"的地质环境，被挤出的流体就沿着阻力小的方向，或向着低压高渗透的方向流动，于是便建立了正常的静液压力环境。这种正常沉积压实的地层，随着地层埋藏深度的增加，岩石更加致密，密度增大，孔隙度减小。但如果沉积速度很快，岩石颗粒没有足够的时间去排列，孔隙内流体的排出受到限制，基岩无法增加它的颗粒与颗粒之间的压力，即无法增加它对上覆岩层的支撑能力。由于上覆岩层继续沉积，负荷增加，而下面基岩的支撑能力没有增加，孔隙中流体必然开始部分地支撑本来应由岩石颗粒所支撑的那部分上覆岩层压力，从而导致了异常高压。

因此在某一环境里，要把一个异常压力圈闭起来，就必须有一个密封结构。最常见的密封结构就是一个低渗透率的岩层，它降低了正常流体的散逸，从而导致了异常流体压力。

5.1.3.3　常见的异常地层高压成因

（1）构造挤压。

在造山带，由于地层的剧烈升降和水平运动，产生构造挤压应力，如果地层的排水速率跟不上构造挤压力所产生的附加压实作用，将会引起地层孔隙压力增加，产生异常高压。

（2）流体热增压作用。

随着埋深增加而不断升高的地层温度，使孔隙流体的膨胀大于岩石的膨胀。当孔隙流体不能从沉积物中排出时，则有效压力（粒间应力）减小，孔隙压力增大。因此孔隙流体承担了更多的上覆岩层压力。

（3）有机质降解。

干酪根成熟后生成大量油气（还有水），它们的体积大大超过原干酪根本身的体积。这些不断生成的流体使孔隙中的压力越来越高，形成超压。据计算，有机碳含量为 1% 的烃源岩，所生流体的净增体积相当于孔隙度为 10% 的页岩总孔隙度体积的 4.5%~5%，因此可大大增加孔隙流体压力。此过程生成的烃类和水使地层中的单相流动变为多相流动，烃类从地层中析出，可能会降低泥质岩对水的有效渗透率而导致孔隙流体排出速率降低，这是因为当地层孔隙流体由单相流动变为多相流动时，其中两种流体渗透率之和（即它们的相对渗透率之和）降低到单相流动的 1/10 时，会导致流体排出受阻，形成超压。

（4）渗析作用。

在渗透压差作用下流体通过半透膜从盐度低的向盐度高的方向运移，直到浓度差消失为止。含盐量越大，产生的渗透压也越大。前人计算表明，页岩与砂岩盐度相差 50000×10^{-6} 时，可产生 4.25MPa 的渗透压差，如果两者相差 150000×10^{-6} 时，可产生 22.7MPa 的渗透压差。盐离子很容易被页岩吸附过滤，页岩孔隙水的盐度常比砂岩高，因此在页岩中易形成超压。

（5）蒙脱石脱水作用。

蒙脱石是一种膨胀性黏土，结构水较多，一般含有 4 个或 4 个以上的水分子层。这些水分按体积计算可以占整个矿物的 50%，按重量算可占 20%。结构水在压实和热力作用下部分甚至全部会成为孔隙水，在泥岩排液困难的情况下，蒙脱石的脱水作用很容易产生孔隙异常高压。超压形成有 3 个因素：一是伊利石对孔隙孔道产生堵塞，增加了泥质岩的非渗透性；二是伴随这个过程所释放出水的体积可达原始孔隙体积的 15%；三是蒙脱石层间吸附水的密度一般高于自由孔隙水。因此，蒙脱石吸附水脱出后必然要膨胀，这种膨胀导致地层产生附加孔隙压力，加之上覆地层迅速增厚，静载急剧增加和流体的驱替受阻，泥质岩超压体系于是形成。

5.1.4 地层压力预测基本原理

5.1.4.1 地层压力预测基本原理

就目前的压力预测水平分析，地层压力预测主要都是根据地震、测井、钻速等三个方面的资料来进行定量预测和监测的，而这些方法的根本理论依据是岩石的压实理论。

地层压力异常会带来很多储层岩性、构造、测井方面的异常，主要有以下5个方面的表现。

（1）岩性的致密程度。

在碎屑岩地层中，地层压力与岩石的压实程度有关，存在如下关系：

地层压力正常——压实程度正常。

地层压力异常高压——地层欠压实。

地层压力异常低压——地层超压实。

因此，异常高压地层的岩石致密程度一般都低于正常压力地层，所以在钻遇高压地层时经常发生钻速突然加快现象，这也表明从地层的可钻性来判断地层压力高低具有一定的可行性。

（2）孔渗性。

异常高压地层由于流体含量异常高，保持了其孔隙度，因而具有异常高的孔隙度和渗透率，而孔隙度和渗透率和地层速度相关联。这就是根据地层速度预测地层压力的重要依据。

（3）速度特征。

异常高压地层具有异常高的孔隙度，其速度表现为低速特征，表现为在正常的速度变化趋势下出现速度的异常降低。这就是由声波测井和地震速度资料预测异常压力的依据。

声波在空气中的传播速度大约是340m/s；在水中的传播速度大约是1500m/s，在钢铁中的传播速度可达到是5200m/s。同理可推出，地层压实程度越高，地层越致密，波速越快，时差越小，地层压力越低，因而存在如下关系：

地层压力异常高压——波速低，时差大。

地层压力异常低压——波速高，时差小。

（4）密度特征。

与地层速度相对应，异常高压地层由于其压实程度低，其地层密度也异常降低，地层密度与地层压力存在如下关系：

地层压力异常高压——密度低。

地层压力异常低压——密度高。

（5）电阻率。

由于异常高压地层含有异常高的流体，而油田地层水多含有大量的盐分，其导电性好。因此，异常高压地层较正常压力地层为低阻特征，电阻率与地层压力存在如下关系：

地层压力异常高压——电阻率低。

地层压力异常低压——电阻率高。

5.1.4.2 地层压力预测基本方法

基于地层压实理论和异常压力在地震、测井、钻井过程中发生的异常现象，石油行业逐步形成了一套地层压力预测、监测的基本理论，从基本原理上大体分为两大类：一类基于超压与欠压实作用相对应，利用各种数值随深度的变化在正常段内建立起压实趋势线，然后根据实测值偏离趋势线的程度来估算地层压力；另一类则不需直接建立正常趋势线，而是建立测量值与地层压力间的经验关系，以判定和估算地层压力。国内应用比较多的方法主要方法有以下几种：

（1）地震层速度法：主要用于缺乏钻井实践的新区，缺点是预测的准确程度较低。

（2）测井资料法：用于已经有钻井、测井资料的地区，国内常用的是声波时差法，预测准确性比地震层速度法要高。

（3）dc 指数法：在钻井过程中随钻录取钻井参数、地质参数（钻头、钻时、岩性）等资料，该方法基于压实理论和标准钻速方程。

5.2 地层破裂压力、地层漏失压力、地层承压能力现场试验

5.2.1 地层破裂压力现场试验

5.2.1.1 地层破裂压力及破裂压力梯度的概念

地层破裂压力预测不准的案例：2005 年 7 月 25 日，扶大 4 井在钻至井深687m 时，由于钻井液密度过大，造成严重漏失，在循环短起无效的情况下，钻至 696m 仍没有穿过漏层，于是起钻甩掉动力钻具处理漏失。最终该井共漏失钻井液 120m³，处理剂费用达 219672 元，耽误工时 38h，造成了严重的经济损失。

井中一定深度地层的承受压力的能力是有限的，当压力达到某一值时会使地层破裂，这个压力称为地层的破裂压力 p_f。

地层破裂压力的大小取决于许多因素，如上覆岩层压力、地层孔隙压力、岩

性、地层年代、埋藏深度以及该处的应力状态。

为了衡量某一深度 D 的破裂压力大小，引入地层破裂压力梯度 G_{Df} 的概念。

$$G_{Df} = \frac{p_f}{D} \tag{5-4}$$

式中　G_{Df}——地层破裂压力梯度，Pa/m；

　　　p_f——地层破裂压力，Pa；

　　　D——地层深度，m。

5.2.1.2　地层破裂压力现场试验的目的

地层破裂压力现场试验的目的如下：

(1) 确定最大允许使用钻井液密度。

(2) 实测地层破裂压力。

(3) 确定关井最高套压。

5.2.1.3　地层破裂压力现场试验的步骤

地层破裂压力现场试验的步骤为：

(1) 井眼准备—钻开套管鞋以下第一个砂层后，循环钻井液，使钻井液密度均匀稳定。

(2) 上提钻具，关封井器。

(3) 以小排量，一般以 0.8~1.32L/s 的排量，缓慢向井内灌入钻井液。

(4) 记录不同时间的注入量和立管压力。

(5) 一直注到井内压力不再升高且有所下降（地层已经破裂漏失），停泵，记录数据后，从节流阀泄压。

(6) 从直角坐标内做出注入量（Q）和立管压力（p）的关系曲线，如图5-2所示。进行地层破裂压力试验时，要注意确定以下几个压力值：

① 漏失压力（p_L）：试验曲线偏离直线的点。此时井内钻井液开始向地层少量漏失。习惯上以此值作为确定井控作业的关井压力依据，如图5-2所示。

② 破裂压力（p_f）：试验曲线的最高点。反映了井内压力克服地层的强度使其破裂，形成裂缝，钻井液向裂缝中漏失，其后压力将下降。

③ 延伸压力（p_{pro}）：压力趋于平缓的点，使裂缝向远处扩展延伸。

④ 瞬时停泵压力（p_s）：当裂缝延伸到离开井壁压力集中区，即 6 倍井眼半径以外远时（估计从破裂点起约历时 1min 左右），进行瞬时停泵。记录下停泵时的压力 p_s，此时裂缝仍开启，p_s 应与垂直于裂缝的最小地应力值相平衡。此后，由于停泵时间的延长，钻井液向裂缝两壁渗滤，液压下降，由于地应力的作用，裂缝将闭合。

⑤ 裂缝重张压力（p_r）：瞬时停泵后重新启动泵，使闭合的裂缝重新张开。

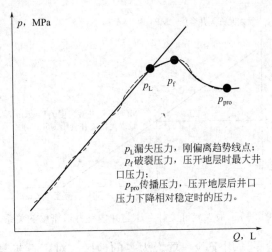

p，MPa

p_L　p_f

p_{pro}

p_L 漏失压力，刚偏离趋势线点；
p_f 破裂压力，压开地层时最大井
口压力；
p_{pro} 传播压力，压开地层后井口
压力下降相对稳定时的压力。

Q，L

图 5-2　破裂压力试验 p-Q 图

由于张开闭合裂缝时不再需要克服岩石的抗拉强度，因此可以认为地层的抗拉强度等于破裂压力与重张压力之差。

上述记录的压力值为井口压力。为了计算地层实际的漏失压力或破裂压力还需加上井内钻井液的静液压力。

另外，在直井与定向井中对同一地层作破裂压力试验得到的数据不能互换使用。当套管鞋以下第一层为脆性岩层时，如砾岩、裂缝发育的灰岩等，只对其作极限压力试验，而不作破裂压力试验，因为脆性岩层作破裂压力试验时在开裂前变形很小，一旦被压裂则承压能力会显著下降。极限压力试验由下部地层钻进采用的最大钻井液密度及溢流关井和压井时该地层的承压能力决定。试验方法同破裂压力试验一样，但只试到极限压力为止。

（7）确定最大允许钻井液密度 ρ_{max}：

表层套管以下：$\rho_{max} = \rho_{mf} - 0.06 \text{g/cm}^3$，

技术套管以下：$\rho_{max} = \rho_{mf} - 0.12 \text{g/cm}^3$。

其中，ρ_{mf} 表示实际计算的钻井液密度，g/cm^3。

（8）确定最大允许关井套压：最大允许关井套压与井内钻井液密度的关系如图 5-3 所示。

5.2.1.4　地层破裂压力现场试验的注意事项

（1）试验压力不应超过地面设备、套管的承压能力。

（2）在钻进几天后进行液压试验，可能由于岩屑堵塞岩石孔隙，导致试验压力很高，这是假象，应注意。

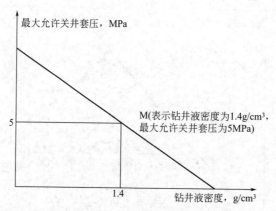

图 5-3　最大允许关井套压与井内钻井液密度的关系

（3）液压试验只适用于砂、页岩为主的地区，对于石灰岩、白云岩等地层的液压试验方法尚待解决。

（4）在现场作破裂压力试验时求出漏失压力即可。

（5）最好用水泥车或试压泵作破裂压力试验。

例题：某井套管鞋以下第一个砂层井深 3048m，井内钻井液密度 ρ_m 为 1.34g/cm³，破裂压力实验时取得以下实验数据见表 5-1。求作漏失曲线。

表 5-1　液压试验数据

泵入量，L	15	23	31	39	47	55	63
立管压力，MPa	0.31	0.87	1.61	2.46	3.30	4.14	4.99
泵入量，L	71	79	87	95	104	109	117
立管压力，MPa	5.83	6.67	6.96	7.10	6	6	6

解：所做漏失曲线如图 5-4 所示。

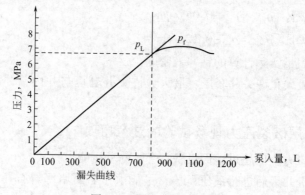

图 5-4　漏失曲线示意图

例题：某井套管鞋以下第一个砂层井深 2000m，泥浆密度为 1.45g/cm³，进行破裂压力试验，套压为 10MPa 时地层破裂。求：①井深 2000m 处地层破裂压力；②地层破裂压力梯度。

解：① $p_f = 0.0098 \times 1.45 \times 2000 + 10 = 29 + 10 = 39$（MPa）；

② $G_f = p_f / H = 39/2000 = 0.0195$（MPa/m）。

5.2.2　地层漏失压力试验

有些井只需进行地层漏失压力试验即可满足井控要求，试验方法同破裂压力试验类似。当钻至套管鞋以下第一个砂岩层时（或出套管鞋 3~5m），用水泥车进行试验。试验前确保井内钻井液性能均匀稳定，上提钻头至套管鞋内并关闭防喷器。试验时缓慢启动泵，以小排量（0.8~1.32L/s）向井内注入钻井液，每泵入 80L 钻井液（或压力上升 0.7MPa）后，停泵观察5min。如果压力保持不变，则继续泵入，重复以上步骤，直到压力不上升或略降为止。

5.2.3　地层承压能力试验

在钻开高压油气层前，循环钻开高压油气层的钻井液，观察上部裸眼地层能否承受钻开高压油气层钻井液的液柱压力，若发生漏失则应堵漏再钻开高压油气层，这就是地层承压能力试验。承压能力试验也可以采用分段试验的方式，即每钻进 100~200m，就用钻进下部地层的钻井液循环试压一次。现场地层承压能力试验常采用地面加回压的方式，就是把高压油气层或下部地层将要使用的钻井液密度与当前井内钻井液密度的差值折算成井口压力，通过井口憋压的方法检验裸眼地层的承压能力。由于井口憋压是在井内钻井液静止的情况下进行的，所以试验时要考虑给钻井液密度差附加一个系数，即循环压耗，以确保提高密度后，在循环的情况下也不会发生漏失。

5.3　油气上窜速度实用计算方法

当油气层压力大于钻井液柱压力时，在压差作用下，油气进入钻井液并向上流动，这就是油气上窜现象。

在单位时间内油气上窜的距离称油气上窜速度。

油气上窜速度是衡量井下油气活跃程度的标志。油气上窜速度越大，油气层能量越大。如果井底油气活跃，钻井液静止时间越长，油气柱越长，当达到一定长度后，钻井液柱压力就会远低于油气层压力，严重时就会发生井喷。所以，在现场工作中准确计算油气上窜速度具有重要意义，是做到油井压而不死、活而不喷的依据。

油气上窜速度的计算一般有 2 种方法：迟到时间法和体积法。体积法受井眼环空体积的影响较大，在实际应用中误差较大，准确计算时应用较少。目前现场一般采用迟到时间法，通过气测录井的后效测量资料来计算油气上窜速度。

5.3.1　迟到时间法计算油气上窜速度

根据迟到时间法，油气上窜速度为：

$$v = \frac{H_{油} - \frac{H_{钻头}}{t_{迟}} t}{t_{静}} \tag{5-5}$$

式中　t——从开始循环到见油气显示的时间，min；

　　　v——油气上窜速度，m/h；

　　　$H_{油}$——油气层深度，m；

　　　$H_{钻头}$——循环钻井液时钻头所在深度，m；

　　　$t_{迟}$——钻头所在深度迟到时间，h；

　　　$t_{静}$——从停泵起钻至本次开泵的总静止时间，h。

迟到时间的确定有实测法和理论法两种方法。

5.3.1.1　实测法

实测法是指迟到时间必须实际测量，测量方法是先测出循环周期和钻井液在钻具内下行时间，然后用测量式 5-20 计算。

$$t_{迟} = t_{循环} - t_{下行} \tag{5-6}$$

$$t_{下行} = \frac{V_1 + V_2}{Q} \tag{5-7}$$

式中　$t_{迟}$——迟到时间，min；

　　　$t_{循环}$——循环周时间，min；

　　　$t_{下行}$——钻井液在钻具内下行时间，min；

　　　V_1——钻杆内容积，m^3；

　　　V_2——钻铤内容积，m^3；

　　　Q——循环排量，m^3/min。

若在开泵循环至见油气显示的时间段内有停泵发生，要从开泵循环至见油气显示的时间中减去停泵的时间，则公式变为：

$$v = \dfrac{H_{油} - \dfrac{t - t_{停}}{t_{迟}} H_{钻头}}{t_{静}} \tag{5-8}$$

式中　$t_{停}$——从最初开泵循环至见油气显示的时间段内的停泵时间，min。

例题：某井于某年 8 月 25 日 17：00 钻至井深 3500m 起钻，8 月 26 日 13：00 下钻至井深 3000m 时开始循环，钻井液 13：40 见油气显示，已知油层深为 2800m，井深 3000m 的迟到时间为 50min，则油气上窜速度为多少？

解：
$$v = \dfrac{2800 - \dfrac{40}{50} \times 3000}{20} = 20 \, (\text{m/h})$$

答：油气上窜速度为 20m/h。

5.3.1.2　理论法

理论法是指迟到时间用式 5-23 进行理论计算。

$$t_{迟} = \dfrac{V}{Q} = \dfrac{\pi(D^2 - d^2)}{4Q} H \tag{5-9}$$

式中　V——井内环形空间容积，m^3；

　　　Q——循环排量，m^3/min；

　　　D——井眼直径，m；

　　　d——钻杆外径，m；

　　　H——井深，m。

迟到时间法比较接近实际情况，是现场常用的方法。

5.3.2　容积法计算油气上窜速度

$$v = \dfrac{H_{油} - \dfrac{Q}{V_c} t}{t_{静}} \tag{5-10}$$

式中　Q——钻井泵排量，L/h；

　　　V_c——井眼环空容积，L/m。

下钻过程中，多次循环钻井液时适合用容积法计算上窜速度，但误差较大。

5.4 钻井作业现场压井液密度确定方法

5.4.1 压井液密度确定的基本原理

钻井过程中，做好井控工作的目的是防止地层液体侵入井内，为此需保持井底压力略大于地层压力，即实现近平衡钻井，这时的关键问题就是研究如何最合理地确定压井液密度。

井眼的裸眼井段存在着地层孔隙压力（地层压力）p_p、压井液柱压力p_m和地层破裂压力p_f，三个压力体系必须满足以下条件：

$$p_f \geq p_m \geq p_p \tag{5-11}$$

即：

$$\rho_{ef} \geq \rho_{my} \geq \rho_{md} \tag{5-12}$$

式中 ρ_{ef}——井眼的裸眼井段地层破裂压力当量密度，g/cm^3；

ρ_{my}——井眼内压井液密度，g/cm^3；

ρ_{md}——井眼的裸眼井段地层液体密度，g/cm^3。

压井液密度的确定应以钻井资料显示的最高地层压力系数或实测地层压力为基准，再加一个附加值。中国石油天然气总公司对附加当量压井液密度值的规定如下：

（1）油水井为 0.05~0.1g/cm³；气井为 0.07~0.15g/cm³。

（2）油水井为 1.5~3.5MPa；气井为 3.0~5.0MPa。

具体选择附加值时应考虑：地层孔隙压力大小、油气水层的埋藏深度、钻井时的钻井液密度、井控装置等。

确定的压井液密度还要考虑保护油气层、防止粘卡、满足井眼稳定的要求。为确保钻井过程中的施工安全，在各种作业中，均应使井底压力略大于地层压力，这样可达到近平衡钻井和保护油气层的目的。

但是，如何最合理地确定压井液密度，各种材料上介绍了多种方法，这些方法如何使用，往往使大家无从着手，各种方法计算结果差异又较大，本节将对此问题进行分析。

5.4.2 压井液密度确定的方法

5.4.2.1 常规压井液密度确定方法

（1）附加当量密度计算法。

根据中国石油天然气集团公司《钻井井控技术规程》的规定可知：

$$\rho_{my} = \rho_p + \rho_e \qquad (5-13)$$

$$\rho_p = \frac{102P_p}{H}$$

$$P_p = 0.0098\rho_{md}H$$

$$\rho_{my} = \rho_{md} + \rho_e \qquad (5-14)$$

式中　H——油层中部深度，m；

　　　p_p——地层压力，MPa；

　　　ρ_{md}——地层液体密度，g/cm^3，一般为 $1.00 \sim 1.07 g/cm^3$；

　　　ρ_p——地层压力当量压井液密度，g/cm^3；

　　　ρ_e——附加当量密度，g/cm^3，油水井为 $0.05 \sim 0.1 g/cm^3$，气井为 $0.07 \sim$

　　　　　$0.15 g/cm^3$。

（2）压力倍数计算法。

$$\rho_{my} = \frac{102Kp_P}{H}$$

又因为

$$P_p = 0.0098\rho_{md}H$$

所以

$$\rho_{my} = 0.9996K\rho_{md} \qquad (5-15)$$

式中　K——附加系数，对于一般作业，$K = 1.00 \sim 1.15$；对于修井作业 $K = 1.15 \sim 1.30$。

（3）附加压力计算法。

$$\rho_{my} = \frac{102(p_p + p_e)}{H} \qquad (5-16)$$

式中　p_e——附加压力，油水井为 $1.5 \sim 3.5 MPa$，气井为 $3.0 \sim 5.0 MPa$。

（4）压井液相对密度计算法。

压井管柱深度不超过油层中部深度时，压井液密度计算公式为：

$$\rho_{my} = \frac{102[p_p + p_e - G_p(H-h)]}{h} \qquad (5-17)$$

式中　h——实际压井深度，m；

　　　H——油层中部深度，m；

　　　G_p——地层压力梯度，MPa/m。

5.4.2.2　根据实测溢流关井立管压力确定

根据钻井过程中发生溢流时关井立管压力确定压井液密度公式为（考虑附加密度）：

$$\rho_{my} = \rho_m + \frac{102p_{gl}}{H} + \rho_e \qquad (5-18)$$

式中　ρ_m——井筒内原来液体的密度，g/cm^3；

　　　p_{gl}——发生溢流后的关井立管压力，MPa。

5.4.2.3　根据起钻时的井底压力计算

在钻井或者井下作业的所有工况中，起钻时的井底压力最低，如果在起钻时能够保证井口不发生溢流，这时的井内压井液密度应当是安全的。

起钻时的井底压力为：

$$p_b = p_h - p_{sb} - p_{dp}$$

因此考虑到附加密度，压井液密度为：

$$\rho_{my} = \frac{102(p_h - p_{sb} - p_{dp})}{H} + \rho_e \qquad (5-19)$$

式中　p_h——井内液柱压力，MPa；

　　　p_{sb}——起钻抽汲压力，MPa；

　　　p_{dp}——起钻未灌液体时井底压力的减小值，MPa。

5.4.3　压井液密度计算过程中几个问题的讨论

5.4.3.1　附加密度和附加压力的关系

许多人认为附加密度和附加压力是等同的关系，这是认识上的误区，实际上，到底采用附加密度法好还是采用附加压力密度法好，要根据具体情况来定。

图 5-5 所示是井深与附加压差关系图，图 5-6 所示是压差为 3MPa、5MPa

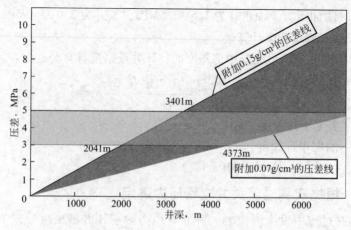

图 5-5　井深与附加压差关系图

时井深与钻井液密度附加值的关系曲线。

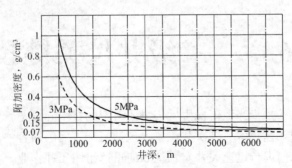

图 5-6　压差为 3MPa、5MPa 时井深与钻井液密度附加值的关系曲线

从图 5-5 和图 5-6 可以看出，采取当量密度附加法，气井为 0.07~0.15g/cm³。对于浅井此法确定的泥浆密度值小，安全底线是泥浆密度足以平衡环空压耗和起钻抽汲的共同作用，保证起下钻安全。采取井底压差附加法，按气井井底压差 3.0MPa~5.0MPa 确定当量密度。这种方法对于浅井设计出的泥浆密度值大，足以抵消环空压耗和上提钻具的抽汲力。但是，要防止泥浆密度过大压漏地层，造成先漏后喷。

5.4.3.2　常规法计算压井液密度应考虑的问题

常规法计算压井液密度计算的四个公式中，参数附加当量密度 ρ_e、附加系数 K、附加压力 p_e 都有一个取值范围，在这个取值范围中如何取值要遵循以下五个原则，否则对压井液密度计算也有很大影响。

（1）油气井能量的大小：产能大则多取，产能小则少取。

（2）油气水井生产状况：气油比高的井多取，低的井少取；注水开发见效的井多取，反之少取。

（3）油气井修井施工内容、难易程度与时间长短：作业难度大、时间长的井多取，反之少取。

（4）井身结构：大套管多取，小套管少取。

（5）井深：井深多取，井浅少取。

第6章 二级井控关键技术

二级井控技术是指当溢流发生后，采用一定的技术和设备，使油气井恢复到一级井控状态的工艺技术。二次井控技术包括三个方面的内容：一是如何发现井控险情？二是如何进行迅速关井？三是如何迅速组织压井作业？本章介绍这三方面的内容。

6.1 井控险情发生的原因、现象与预防措施

6.1.1 井控险情发生的主要原因

所谓"险情"，字面解释就是容易发生危险的情况。石油现场施工过程中的井控险情就是指凡是能够或者有可能导致井喷事故或者有毒有害气体伤人事故发生的所有因素或现象。它包括油（气）侵、溢流险情、井涌险情、井喷，硫化氢气体超标，一氧化碳气体超标等。

在钻井过程中，由于操作或地层等方面的原因，致使地层流体进入井内，从而有可能导致溢流险情的发生，当溢流险情发生时，大量的地层流体进入井眼内，以致必须借助井口设备，在承受一定压力的条件下关井。在正常钻进或起、下钻作业中，溢流险情可能在下列条件下发生：

（1）井内环形空间钻井液静液压力小于地层压力。

（2）溢流险情发生的地层具有一定的渗透率，允许流体流入井内。虽然不能控制地层压力和地层渗透率，但是为了维持初级井控状态，作业人员可以保持井内有适当的钻井液静液压力。

造成钻井液静液压力不够的一种或多种原因都有可能导致地层流体侵入井内。最普遍的原因是：井眼未能完全充满钻井液；起钻引起的抽汲压力；循环漏失；钻井液或固井液的密度低；异常压力地层；下钻速度过快。下面对各种溢流险情的原因进行分析。

6.1.1.1 井内未能完全充满钻井液

无论什么情况下，只要井内的钻井液液面下降，钻井液的静液压力就减小，当钻井液静液压力下降到低于地层压力时，就会发生溢流险情。

在起钻过程中，由于钻柱起出，钻柱在井内的体积减小，井内的钻井液液面下降，从而造成钻井液静液压力的减小。不管在裸眼井中的哪一位置，只要钻井液静液压力低于地层压力，溢流险情就有可能发生。

在起钻过程中，向井内灌钻井液可保持钻井液的静液压力。灌入井内的钻井液的体积应等于起出钻柱的体积。如果测得的灌入体积小于计算的钻柱体积，说明地层内的流体可能进入井内，溢流险情将会发生。

为了减少由于起钻时钻井液未及时灌满而造成的溢流险情，在起钻中应该做到以下几点：

（1）计算起出钻具的体积（或查表）。

（2）测量灌满井眼所需要的钻井液体积。

（3）定期把灌入钻井液体积与起出钻具的体积进行比较，并记在起、下钻记录表上。

（4）若两种体积不符，要立即采取措施。

钻具的体积取决于每段钻具的长度、外径与内径。尽管体积的数值很容易计算，但是由于有钻杆接头的影响，所以钻具体积表还是特别有用的。对于大多数普通尺寸的钻杆与钻铤，体积可直接从体积表查出。

由于钻铤的体积比钻杆的体积大，因此起出钻铤时，向井筒内灌满钻井液是特别重要的，从井筒起出钻铤时灌钻井液体积应是起钻杆时的 3~5 倍。

实际灌入钻井液的体积可用钻井液补充罐、泵冲数计数器、流量表、钻井液液面指示器进行测量。

钻井液补充罐是十分可靠的测量灌注钻井液体积的设备。从井内起出一定数量的立柱之后，钻井液补充罐可以显示出需要灌入多少钻井液来充满井眼。钻井液补充罐是一个高而细的钻井液罐（容积为 $1.6 \sim 6.4 m^3$），如果 $0.2 m^3$ 的钻井液灌入井内，罐内的钻井液面高度可显示出十几厘米的变化。钻井液补充罐常用 50L 或 100L 来标注刻度。容积可以使用这种刻度或者与正规钻井液罐上类似的气动浮子传感器来进行测量。

若井场没有钻井液补充罐，可以用钻井泵向井内灌钻井液，由泵的冲数计来计量泵入钻井液的体积。根据泵缸套尺寸和泵的冲程，就可以知道泵送 $1 m^3$ 钻井液需要多少冲数。只有精确知道泵的效率才能计算出精确的排量。

流量表可以用来监控泵送到井内的钻井液量。

钻井液罐液面指示器反映钻具起出井筒后应灌入的钻井液量。但是大钻井液罐里这种液面的变化不易检测。可单独隔离 1 个小钻井液罐，这样就大大地提高了计量的灵敏度，这是一种可取的计量灌注钻井液量的方法。

不论使用哪种灌注钻井液的设备，灌入的钻井液量必须与起出钻具的体积进行比较，并使之相等。

灌钻井液原则如下：

（1）至少起出 3 个立根的钻杆，或起出 1 个立根的钻铤时，就需要检查一次灌入的钻井液量。

（2）通过灌钻井液管线向井内灌钻井液，不能用压井管线灌钻井液，以防止压井管线和阀门腐蚀，避免其在应急的情况下不能发挥其作用。

（3）灌钻井液管线不能与井口防溢管在同一高度。如果两管高度相同则经过钻井液管线灌入可能直接从出口管流出，从而误认为井筒已灌满。

6.1.1.2　起钻引起的抽汲压力

只要钻具在井内上下运动就会产生抽汲和激动压力，至于是抽汲压力还是激动压力主要取决于钻具的运动方向。当钻具向上运动时（例如起钻）以抽汲压力为主，钻井液在环形空间下落，但其下落速度常常不如钻具起出的速度快，其结果是钻具下方的压力减小，并由地层流体来补充这种压力的减少，直到压力不再减小为止，这就称为抽汲。

如果吸入井内的地层流体足够多，那么井内钻井液的总静液压力就会降低，以致井内发生溢流险情。

无论起钻速度多慢抽汲作用都会产生，但能否导致溢流险情的发生，则要看井内环形空间的有效压力能否平衡地层压力。应该记住，只要井内环形空间的有效压力始终能够平衡地层压力，就可以防止溢流险情发生。

除了起钻速度外，抽汲程度也受环形空间大小与钻井液性能的影响。

影响抽汲压力的因素有以下几方面：

（1）井眼与钻具的几何尺寸。

在抽汲压力产生过程中一个最重要的因素是环空间隙，它是钻具（油管、钻杆、扶正器或钻具）与井眼（裸眼或下套管井）之间的间隙。环空间隙越小，钻井液流动就需要克服越大的阻力。由于井眼缩径、地层膨胀、地层坍塌或钻具泥包都会使环空间隙减小，这就更增加了抽汲产生溢流险情的可能。由于这些因素通常是不可控的，因此，采用合适的起下钻作业方法，例如减小起下钻速度，就会减少因抽汲而引起溢流险情的可能。

影响环空间隙的其他几方面的因素如下：

① 盐层和膨胀地层。有许多环空间隙减小是由盐层和膨胀地层引起的，盐层在压力的作用下出现塑性流动导致井眼间隙减小，一旦开泵就会憋泵。盐层塑性流动后紧贴在钻柱周围使环空间隙减到很小。此外，黏土遇水膨胀也使环空间隙减小，从而增加了起钻产生抽汲压力的机会，由于环空间隙的减小，起钻时扶正器和下部钻具可能发生黏卡从而引起严重的抽汲。

② 泥包。泥包是指钻井液材料聚集在钻头、扶正器、钻具接头或钻柱其他

部分。这种聚集增加了该点的有效外径，减小了钻柱和井眼之间的间隙。由于间隙减小，使转盘扭矩和起钻上提拉力增加。

③ 起钻至套管鞋。起钻到套管鞋处有两种危险可能发生。一是扶正器或钻具卡在套管鞋上，其结果是钻机损坏、钻具断裂、套管鞋被拉掉和钻具被卡；二是当下部钻具结构进入套管鞋时，间隙会减小，当部分钻柱或下部钻具结构泥包时也可能发生复杂的情况。

（2）井深。

流动阻力的大小与井深成正比。井越深，流动阻力也就越大，起钻过程中引起的抽汲压力也越大。

（3）钻井液的流变性。

抽汲压力取决于钻柱的起升速度和钻井液的流动，因此，起钻前的钻井液性能是很重要的，它主要包括黏度、切力、密度。

黏度：黏度就是允许液体流动的力。它也是产生抽汲的一个因素，如果液体变稠或黏度大，起钻时钻井液就很难流动，向下回落的速度就变慢，特别是环空间极小时，回落的速度就更慢，井底压力的损失就较大，由此而产生的抽汲压力也就会很大。

切力：切力是钻井液中的固体颗粒间相互的吸引力。钻井液静止时，黏土颗粒之间形成网状结构，静止的时间越长，网架结构的强度越大，钻井液的静切力也随之增大，当钻井液由静止状态变为流动状态时，必须先克服静切力，然后钻井液才会流动，因此增大了钻井液的初始流动阻力。

井内的钻井液和钻柱处于静止状态，当钻柱由静止状态变为运动状态时，钻井液不能在钻柱运动的同时立刻流动，钻井液必须克服静切力后才能开始流动。因此，在上提钻具的开始阶段，为了克服钻井液的静切力，井底压力会减小，即产生抽汲压力。相反，下放钻柱的开始阶段会产生激动使井底压力增加。钻井液的静切力越大，产生的抽汲压力和激动压力也越大。

密度：当钻井液密度太低时，地层膨胀，导致环空间隙减小产生较大的抽汲压力。较高的钻井液密度能够减小抽汲作用，但过高的钻井液密度会使地层渗漏而使钻井液流入地层。因此，适当的钻井液密度能够减小抽汲压力的产生。

（4）井底条件和地层问题。

① 取决于压差的大小，井底的压差越小，由此而产生的抽汲压力越大。

② 取决于地层的性质，地层有必要的渗透率，允许地层流体进入井内，就有可能产生抽汲压力。

（5）钻具的提升速度。

起钻时，钻柱在井内的体积不断减少，钻井液充填钻柱所空出的空间向下流动，进而导致井底压力减小。

起钻的速度过快时，可能出现钻井液来不及填充钻具上提所留下的空间的现象，由此会引起较大的抽汲压力。钻柱的上提速度越快，产生的抽汲越大，发生溢流险情的可能性越高，由抽汲而产生溢流险情的可能性随起钻速度的加快而增加。

（6）井下钻具组合。

不同的钻具组合，构成的环空间隙不同，由此而引起的流动阻力不同，产生的抽汲压力也不同。下部钻具越长、结构越复杂，抽汲压力产生的可能就越大。带有 1 个扶正器的钟摆钻具结构产生抽汲的可能和带有几个扶正器的钟摆钻具结构产生抽汲的可能就不同。

在实际起钻操作中，减少抽汲作用到最低程度的原则如下：

① 抽汲作用总是要发生的，所以应考虑增加适当的安全附加值。

② 钻具组合要合理，环形空间间隙要适当。

③ 使钻井液黏度、静切力保持在最低水平，防止钻头泥包。

④ 用降低起钻速度方法来减少抽汲作用，将因起钻速度引起的抽汲作用减到至最低程度。

⑤ 用钻井液补充罐、泵冲数计数器、流量计或钻井液池液面指示计来监控过大的抽汲作用。

下面介绍 2 种检查抽汲压力的方法。

① 核对灌入井内的钻井液量：这是一种简单易行的方法。在起钻过程中要向井内灌钻井液，灌入井内的钻井液量应等于起出钻具的体积，当灌入的钻井液量小于起出钻具的体积时，说明有较大的抽汲压力，地层流体已进入井内。

② 短起下钻法：这种方法是指正式起钻前，先从井内起出 3~5 柱立柱，然后再下回井底，开泵循环，观察返出的钻井液，如发现钻井液有油气侵现象，则说明抽汲压力引起地层流体进入井内。通过检查，发现地层流体已进入井内后，应停止起钻作业，采取下一步措施。

6.1.1.3　循环漏失

循环漏失是指井内的钻井液漏入地层，这会引起井内液柱高度下降，静液压力减小。当井内液柱高度下降到一定程度时，就可能发生溢流险情。

当地层裂缝足够大，并且井内环形空间的钻井液密度超过裂缝地层流体当量密度时，就会发生循环漏失。地层裂缝可能是天然的，也可能是钻井液静液压力过大压裂地层而产生的。

钻井液密度过高和下钻时的激动压力使得作用于地层上的压力过大。在有些情况下，特别是在深井、小井眼里使用高黏度钻井液钻进，环形空间流动阻力可能高到足以引起循环漏失，以较快的钻速钻到黏土页岩时，也可能出现类似的情况。

激动压力与抽汲压力类似并受相同的参数影响，主要区别是激动压力是在下钻时引起的，而这种压力的变化使井底压力增加。下套管时的激动压力特别危险，因为这时环形空间的间隙太小，产生的激动压力也就很大。这时，很容易使套管被挤扁或永久变形。

进行地层压漏实验的过程中也会产生过大的井筒压力，进行这些作业必须谨慎，因为地面施加的压力都加进了整个液柱的静液压力之中。

减小循环漏失的一般原则如下：

（1）设计好井身结构，正确确定下套管深度。

（2）试验地层，测出地层的压裂强度，这样有助于确定下套管的位置，有助井涌发生时选择最佳方法。

（3）在下钻时，将压力激动减小到最低程度。

（4）保证钻井液处于良好的状态，使钻井液的黏度、切力维持在最小值上。

（5）做好向井内灌水、灌柴油、灌钻井液的准备。

6.1.1.4　钻井液或固井液的密度低

钻井液的密度低是溢流险情发生最常见的一个原因。一般情况下，与其他原因造成的溢流险情相比，钻井液密度过低造成的溢流险情易于发现与控制。但若控制不当也会导致井喷的发生。

钻井液密度低可能是井钻到异常高压地层或断层多的地层，其特点是地层内充满地层流体。

充满流体的地层发生井喷可能由于以下几种原因：如钻井密度设计偏低、错误地解释钻井参数、施工操作不当、固井质量不好、注入作业产生漏失、井的不合理的报废、钻遇发生过地下井喷的地层或浅气层等。

钻井液发生气侵有时会严重地影响钻井液密度，降低静液压力。因为气体的密度比钻井液的密度小，所以气侵后钻井液密度会降低。一般情况下，如井内有少量的气体侵入，则对钻井液密度的影响不会太大（浅井除外）。因此，钻井液的静液压力不会下降很多，井内失衡不会太严重。

在地面错误处理钻井液也是许多情况下造成钻井液密度降低的原因，如错误打开钻井泵上水管阀门，使钻井液罐中低密度钻井液泵入井内，泵入井内的水比预想的多，用清水清洗振动筛都会影响钻井液的密度。

雨水进入循环系统也会对钻井液密度造成很大影响并使钻井液性能发生很大转变。由于岩屑会使井内的钻井液密度增加，要在循环时向循环系统中加水，如果水加得太多，钻井液密度就会降的太低，造成溢流险情。

处理事故时，向井内打入原油或柴油，会造成钻井液的密度减小，静液压力也随之减小。因此，在处理事故向井内注油时，应首先进行静液压力校核工作。

钻井过程中，处理钻井液的固相，会使钻井液的密度降低，比如用清水或其他低密度的流体来稀释钻井液，用清水或低密度的新钻井液替换出一定的高固相含量的钻井液，使用离心机清除细小固相及胶体，清除钻屑或对旋流器的底流排出物进行二次分离，回收液相，排除钻屑，都会使钻井液密度下降，导致井内静液压力降低。

在固井时，固井液密度太低，会导致溢流险情的发生，可以通过节流回压来补偿，如果回压太低，也会发生溢流险情。

减小因钻井液密度不够引起井涌的一般原则如下：

（1）正确设计井身结构，尽量准确地估计地层压力；

（2）密切监控钻井参数和电测资料，以便在钻井过程中应用 dc 指数法检测地层压力，对地层压力取得一个合理的估计值；

（3）安装适当的地面装置，以便及时除掉钻井液中的气体，不要把气侵的钻井液再重复循环到井内；

（4）保证钻井液处于良好状态，做到均匀加重。

6.1.1.5　异常压力地层

在钻井的过程中，经常遇到一些异常压力地层，这些地层会对钻井造成危害。世界上大部分沉积盆地都有异常高压地层。沉积盆地中有几种异常压力形成的机理，如前面讲到的压实作用、构造运动、成岩作用、密度差作用、流体运移等均可形成异常压力地层。钻遇异常压力的地层并不一定会直接引起初级井控失败，如果用低密度钻井液钻此类地层，初级井控才可能失败。对有可能钻到的高压井，设计时应考虑使用更好的设备而且更密切地注意，预防可能发生的溢流险情。

6.1.2　各种工况下井控险情发生的现象及判断方法

《中国石油天然气集团公司石油与天然气钻井井控规定》明确指出，尽早发现溢流险情显示是井控技术的关键环节。从打开油气层到完井，要落实专人坐岗观察井口和钻井液池液面的变化。

地层流体流入井筒会引起钻井参数、钻井液参数、井筒状态等方面的变化，这些变化称为溢流显示。在钻井的各种作业中，及时发现溢流、正确关井是防止发生井喷的关键。这时争取时间非常重要。发现和识别溢流的各种显示，并在各自的岗位上采取正确的关井操作，是井队每个人员的重要职责。

概括地来讲，钻井人员应当做到下列几点：

（1）懂得各种溢流险情的原因，了解环形空间钻井液静液压力小于地层压力，就有可能发生溢流险情。

（2）使用适当的设备和技术来检测液柱压力意外的降低。

（3）使用适当的设备和技术来检测可能出现的地层压力增加。

（4）要能识别各种表示静液压力与地层压力之间不平衡的显示。

（5）认识到溢流险情有可能发展。

（6）如果发生溢流险情，应立即采取措施。

6.1.2.1　钻进时发生溢流险情的现象及检测判断方法

（1）钻进时发生溢流险情的现象。

钻井时可能的溢流险情现象包括间接显示现象和直接显示现象。

间接显示现象如下：

① 机械钻速增加。

② dc 指数减小。

③ 页岩密度减小。

④ 岩屑尺寸加大，多为长条带棱角，岩屑数量增加。

⑤ 转盘转动扭矩增加，起下钻柱阻力大。

⑥ 蹩跳钻，放空，悬重发生变化。

⑦ 循环泵压下降，泵冲数增加。

⑧ 在渗透性地层发生井漏时，当井底压力低于地层压力时，就会发生井涌。

⑨ 综合录井仪显示全烃含量增加。

直接显示现象如下：

① 出口管钻井液流速的加快。

② 钻井液罐液面的升高。

③ 停泵后出口管钻井液的外溢。

④ 钻井液的变化：返出的钻井液中有油迹、气泡、硫化氢味；钻井液密度下降；钻井液黏度变化。

对主要现象分析如下：

① 机械钻速的变化。

机械钻速主要取决于井底压力（大部分是静液压力）与地层压力的差值。在地层压力增加而井底压力维持不变的条件下，压差是会减少的，在这种情况下，可以得到较高的机械钻速。

机械钻速的迅速增加是一种钻速突变。钻速突变表明钻头已钻到地层压力超过井内压力的地层。如怀疑钻到异常压力，应停钻检查井的流量情况。如果在停泵时井内流体继续流出，说明溢流险情在发展。在危急情况下，即使没有流体流出也应当自上而下地进行循环。这样可调整好钻井液性能，以保证井内没有地层流体进入。

地层岩性改变时可以同样发现机械钻速的显著变化。有时，机械钻速剧烈下降。这同样是一种钻速突变，而且应当立即进行检查。

② 岩屑的变化。

岩屑的观察与分析同样可以指示地层压力变化的情况。压差减少，大块页岩将开始坍塌，这些坍塌的"岩屑"很容易识别，因为它们有特殊的尺寸和形状。这些岩屑比正常岩屑大一些，并呈长条、带棱角或者像一只开口凹形的手掌。

如果钻井液不能悬浮并清除大量的大岩屑，坍塌的页岩将下沉，积聚在井底，结果是井底填充物增加，钻进时扭矩增大，起下钻阻力增大。

录井人员所做的页岩岩屑的详细化学与物理分析可以提供附加资料。页岩单位体积重量的减少或者页岩矿物成分的某些变化可能与地层压力的增加有关。

③ 钻井液性能的变化。

钻井液循环可能把所钻井下地层的岩屑带上来。当然，钻井液是一种采集岩屑进行观察与分析的手段。同样，钻井液也是侵入井内的地层流体的携带者。地层流体（天然气、油或盐水）在钻井液密度不足以平衡地层压力时进入井内。如果侵入量大，就会发生溢流险情。如果侵入量小（尽管可能是连续的），地层渗透性很差，则在大段页岩井段内可以安全地进行"欠平衡"钻进。

起钻以及接单根时的抽汲作用能降低有效静液压力，也可使地层流体进入井内。假如钻井液的静液压力比地层压力高得多，侵入体积通常较小。但是，若在钻具运动前该压差小，那么很容易引起溢流险情。

④ 钻井液柱高度降低。

井内钻井液液面的下降会降低静液压力。钻井人员应当认识到，静液压力下降到一定程度时，就有可能导致溢流险情。

井漏会降低井内的钻井液液面。钻井液柱高度的降低取决于地层压裂梯度与漏失层位的深度，井内液柱压力超过地层压裂强度时，就会造成井漏。

高钻井液密度以及起下钻时的压力波动，会使地层承受过大的压力，特别是在深井小井眼内，静液压力加上环形空间的摩擦压力损失有可能高到足以破坏地层。

井漏的第 2 种显示是钻井液罐液面下降。这种情况表现为泵入井内的钻井液量大于返出的钻井液量。排出管线上相对流量剧烈下降时，首先能检测出井漏。

（2）钻井时发生溢流险情现象的检测方法。

钻进时的溢流险情信号表示地层内的流体可能正在进入井内，钻井人员应当立即关井以控制溢流险情。如果是压裂了地层就不能关井，应当把井内的流体安全地向井场外分流。

地层流体侵入井内，会在钻井液循环系统引起两种显著的变化。首先，侵入流体的体积增加了在用钻井液系统的钻井液总量。其次，钻井液返回的排量超过钻井液泵入量。这两种变化可用下列方法检测。

①　排出管线相对排量增加。

②　停泵，井内流体继续排出。

③　罐内钻井液体积增加。

④　泵压降低，排量增加。

⑤　在起钻时，灌入的钻井液量不正常。

6.1.2.2　下钻时的溢流险情显示现象及预防措施

下钻时发生溢流险情的现象如下：

(1) 返出的钻井液体积大于下入钻具的体积。

(2) 下放停止、接立柱时井眼仍外溢钻井液。

下钻时发生溢流险情的预防措施如下：

下钻时，进入油气层前 300m 控制下钻速度，避免因压力激动造成井漏。在下部钻具结构中配有浮阀等特殊工具下钻时，中途打通钻井液后，再每下 5～10 柱钻杆灌满 1 次钻井液，中途和到井底开泵前必须先往钻具内灌满钻井液，然后再开泵循环。

6.1.2.3　起钻时发生溢流险情的现象及预防措施

起钻时发生溢流险情的现象如下：

(1) 灌入井内的钻井液体积小于起出钻柱的体积。

(2) 停止起钻时，出口管外溢钻井液。

(3) 钻井液灌不进井内，钻井液罐液面不减少而升高。

起钻时发生溢流险情的预防措施如下：

起钻时，在油气水层（含浅气层）顶面以上 300m 至井底采用 I 挡低速起钻，并每起 3 柱钻杆或 1 柱钻铤时要灌满钻井液 1 次；欠平衡井起钻时必须连续灌满钻井液，及时校核钻井液灌入量。起钻过程中，因设备故障停止作业时，要加密观察井口液面变化，待修好设备后再下钻到井底，循环正常后，重新起钻；在起钻过程中发生抽汲现象时，要停止起钻作业，开泵循环，正常后下钻到井底，井底循环正常后，再重新起钻。起完钻要及时下钻，检修设备时必须保持井内有一定数量的钻具，且井口钻具要与防喷器闸板尺寸匹配，确保随时关井。

6.1.2.4　空井时的溢流现象

(1) 出口管外溢。

(2) 钻井液罐液面升高。

由于岩屑气未能循环出井口、井壁扩散气或提钻时因抽汲作用进入井筒内的气体，在井内滑脱上升，体积逐渐膨胀，会导致出口管外溢，并进一步引起钻井液罐液面升高。

对溢流显示的监测不应只局限于上述的 4 种工况，而应贯穿在井的整个施工过程中。切记判断溢流一个最明显的信号是：停泵的情况下井口钻井液自动外溢。

6.1.3 现场发现溢流险情后常出现的错误做法

（1）发现溢流后不及时关井，仍继续观察。

发现溢流后不及时关井仍继续观察带来的后果是使侵入井内的地层流体越来越多，溢流更加严重；特别是天然气溢流，在向上运移中，体积膨胀，会排出更多的钻井液，很容易诱发井喷。因此，发现溢流，无论严重与否，都应立即关井，弄清情况以后再作处理。如果未装井控设备，应立即采用高密度压井液压井。

（2）发现溢流后起钻。

发现溢流后起钻的原因是担心在关井期间，钻具处于静止状态而发生黏吸卡钻，所以试图把钻头起入套管内，这样做的后果是既延误了关井时间，又因起钻时的抽汲压力而使地层流体更易侵入井内。要知道钻柱越深，对压井越有利，起出部分钻柱，就会增加压井液的密度，而且地层压力也无法求准。特别是当发生天然气溢流时，若其运移至井口时发生井喷，将没有时间接回压阀和方钻杆，很容易造成井喷失控。

（3）起下钻中途发现溢流，仍继续起下钻。

若是天然气溢流，起下钻中途发现溢流，都应立即关井。

若是油水溢流，可以利用由溢流发展到井涌、井喷这段时间，争取多下入一些钻具。所以无论是起钻还是下钻，都应立即下钻，下入的钻具越多越好。

若没有安装井控装置，在起下钻中途发现溢流，无论是什么性质的溢流，都应立即强行下钻，尽可能多地下入钻柱。

6.2 关井方法与程序

一旦发现溢流显示，正确无误的关井，是防止发生井喷的唯一正确处理措施。在紧张和危急时刻，钻台上应强化控制，加强纪律。制定合理的关井程序，经常性地进行防喷演习，以及强有力的监督是井控成功的关键。一旦发现溢流，应当尽可能快地关井，理由如下：

（1）防止井喷，保护地面设备和人员。

（2）阻止地层流体继续进入井内。

（3）保持井内有较多的钻井液，减小关井后的套压值。

（4）求得关井压力，为组织压井做准备。

不能因为溢流量小而疏忽，它可能会迅速发展成为井喷。所有井内不正常的流动均应视为潜在的井喷。一旦确认发生了溢流就应立即关井。

关井时最关键的问题是：（1）关井要及时果断。（2）关井不能压裂地层。

6.2.1　关井方法

发生溢流后有两种关井方法，一是硬关井，二是软关井。

硬关井是指一旦发现溢流或井涌时，在不开通节流管汇的情况下，直接关闭井口防喷器的关井方法。

软关井是指发现溢流关井时，先打开节流阀一侧的通道，再关防喷器，最后关闭节流阀的关井方法。

硬关井时，由于关井动作比软关井少，所以关井快，但井控装置受到"水击效应"的作用，特别是高速油气冲向井口时，对井口装置作用力很大，存在一定的危险性。软关井的关井时间长，但它防止了"水击效应"作用于井口，还可以在关井过程中试关井。若能尽早地发现溢流显示，则能够减弱硬关井产生的"水击效应"。按硬关井制定的关井程序比按软关井制定的关井程序简单，控制井口的时间短，但鉴于过去硬关井造成的失误，一般推荐采用软关井方式。

6.2.2　关井程序（四·七动作）

具体的关井程序根据各油田的规定不同而略有差别。但有一点是共同的：必须关闭防喷器以阻止井内流体的流动。由于油气藏的特点不同或钻机类型不同，由此而制定的关井程序应当经过深思熟虑，人人理解而且实用。

在钻井作业现场，一般把关井程序称为"四·七动作"（把钻井作业分为四种常见的工况，每种工况通过七个主要动作完成软关井的过程）。常见的"四·七动作"关井程序在以下内容中进行介绍。

6.2.2.1　钻进工况

（1）发信号：发信号的目的是通报井上发生了溢流，井处在潜在的危险中，指令各岗位人员迅速到位，执行其井控职责，迅速实现对井口的控制。发信号的方式是长鸣信号。

（2）停转盘，停泵，把钻具上提至合适位置，也有部分油田规定把钻具提到合适位置之后再停泵，这样可延长环空流动阻力施加于井底的时间，减小抽汲，从而抑制溢流，减少溢流量，保持井内有尽可能多的钻井液。

上提钻具的合适位置是指把方钻杆下的第一个单根内螺纹接头提出转盘面

0.4~0.5m左右，为用半封闸板关井创造条件；为扣一吊卡或卡一卡瓦创造条件，防止刹车失灵造成顿钻；为防止井下出现复杂情况、地面循环系统出现故障后采取补救措施创造条件。

（3）开液动阀，适当打开节流阀，若节流阀平时就已处于半开位置，此时无须再继续打开。若节流阀的待命工况是关位，此时只需将其打开到半开位置即可。这样既可减弱水击现象，又能缩短关井时间。

（4）关防喷器：先关环形防喷器，再关闸板防喷器。先关环形是为了防止闸板被刺坏。

（5）关节流阀试关井，再关闭节流阀前的平板阀：关闭节流阀时，应注意观察套压变化，防止关井套压超过最大允许关井套压。在将要达到最大允许关井套压时，不能再继续关节流阀，应在控制关井套压接近最大允许关井套压的情况下，节流放喷，并以钻进排量迅速向井内泵入储备加重钻井液，采用低节流法压井，控制溢流，重建井内压力平衡。

因为现场常用的几种节流阀都不具有"断流"的作用，所以需要将其前面的平板阀关闭以实现完全关井。

（6）录取关井立压、关井套压及钻井液增量。

（7）迅速向队长或技术人员及甲方监督汇报。

6.2.2.2　起下钻杆工况

（1）发信号。

（2）停止作业，抢装钻具内防喷工具：如果喷势较大，要抢装打开的内防喷工具，然后再将其关闭。起下钻发生溢流，环空及钻具内都在喷，应先控制钻具内的溢流。

（3）开液动阀，适当打开节流阀。

（4）关防喷器。

（5）关节流阀试关井，再关闭节流阀前的平板阀。

（6）录取套管压力及钻井液增量。

（7）迅速向队长或技术人员及甲方监督汇报。

6.2.2.3　起下钻铤工况

（1）发信号。

（2）停止起下钻铤作业，抢接钻具内防喷工具及钻杆（防喷单根或防喷立柱）。

因为钻铤只能用环行防喷器关井，所以如果喷势不强烈，应抢接钻杆，以便用半封闸板关井，增加控制手段。抢下钻杆时，接一柱或一根钻杆达到关井的目的即可。

（3）开液动阀，适当打开节流阀。

（4）关防喷器。

（5）关节流阀试关井，再关闭平板阀。

（6）录取套管压力及钻井液增量。

（7）迅速向队长或技术人员及甲方监督汇报。

6.2.2.4　空井工况

（1）发信号。

（2）停止作业。

（3）开液动阀，适当打开节流阀。

（4）关防喷器，空井工况下关井，通常不需要先关环形防喷器，可以直接关全封闸板防喷器，因为环形防喷器关空井时关井时间长，延误关井时机。

（5）关节流阀试关井，再关闭平板阀。

（6）录取套管压力及钻井液增量。

（7）迅速向队长或技术人员及甲方监督汇报：空井发生溢流时，若井内情况允许，也可在发出信号后抢下几柱钻杆，然后按起下钻杆的关井程序关井。

如测井作业时发生溢流，溢流不严重时，可起出电缆再关井；如果喷势强烈，来不及起出电缆，则切断电缆，迅速关井。

6.2.3　关井立管压力的确定

6.2.3.1　立管压力的求取原理

根据 U 形管原理描述井眼与地层压力系统：钻柱与环空可以视为一连通的 U 形管，关井后井筒压力平衡时可以根据如下关系求取井底压力和地层压力：

$$p_b = p_p = p_d + 0.0098\rho_{md}H \tag{6-1}$$

$$p_b = p_p = p_a + 0.0098\rho_{md}H \tag{6-2}$$

式中　p_b——井底压力，MPa；

　　　p_p——地层压力，MPa；

　　　p_d——关井立管压力，MPa；

　　　p_a——关井套管压力，MPa；

　　　ρ_{md}——钻柱内钻井液密度，g/cm^3；

　　　H——井深，m。

由于环空受进入井筒地层流体的影响，钻井液密度难以精确计算，因此一般由关井立管压力计算地层压力的大小。

6.2.3.2　立管压力求取条件

（1）关井后井内压力达到平衡。

① 发生溢流后由于井眼周围的地层流体进入井筒，致使井眼周围的地层压力形成压降漏斗，即此时井眼周围地层压力低于实际地层压力，越远离井眼，越接近或等于原始地层压力。

② 一般情况下，待关井后 10~15min，井眼周围的地层压力才恢复到原始地层压力，此时读到的立管压力值才是地层压力与钻柱内钻井液静液柱压力之差。井眼周围地层压力恢复时间的长短与欠平衡程度、地层流体种类、地层渗透率等因素有关。

③ 为了更准确地确定关井立管压力，一般在关井后每 2min 记录 1 次关井立压和关井套压，根据所记录的数据，做关井压力—关井时间的关系曲线（图6-1），借助曲线，找出关井立压值。

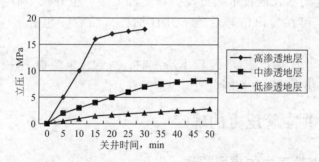

图6-1　关井时间与压力关系曲线

（2）消除圈闭压力（若存在）。

6.2.3.3　关井立管压力测定方法

（1）钻柱中未装钻具回压阀。

关井待井内压力平衡后，可直接从立管压力表上读取关井立管压力 p_d，然后根据下式进行地层压力计算。

$$p_p = p_d + 0.0098\rho_{md}H \tag{6-3}$$

（2）钻具中装有钻具回压阀（不循环法）。

在不知道压井泵速和该泵速下的循环压力时采用不循环法，操作步骤如下：

① 在井完全关闭的情况下，缓慢启动泵并继续泵入钻井液。

② 注意观察套压，当套压开始升高时（超出关井套压 0.5~1MPa）停泵，并读出立管压力值（p_{d1}）。

③ 从读出的立管压力值中减去套压升高值则为测定的关井立管压力值。

$$\Delta p_{a} = p_{a1} - p_{a} \tag{6-4}$$

$$p_{d} = p_{d1} - \Delta p_{a} \tag{6-5}$$

式中　p_{d}——关井立管压力值，MPa；

　　　p_{d1}——停泵时立管压力值，MPa；

　　　p_{a1}——停泵时套管压力值，MPa；

　　　Δp_{a}——关井套压升高值，MPa。

（3）钻具中装有钻具回压阀（循环法）。

在知道压井泵速 Q 和该泵速下的循环压力 p_{ci} 时（做过低泵速试验）采用循环法，操作步骤如下：

① 缓慢启动泵，调节节流阀保持套压等于关井套压。

② 使泵速达到压井泵速，套压始终等于关井套压。

③ 读出立管总压力（p_{t}），减去循环压力，则差值为关井立管压力值。

$$p_{d} = p_{t} - p_{ci} \tag{6-6}$$

式中　p_{t}——立管总压力，MPa；

　　　p_{ci}——压井泵速下的循环压力（低泵速试验），MPa。

6.2.4　圈闭压力对关井立管压力的影响

6.2.4.1　圈闭压力的定义及产生原因

圈闭压力，是在立管压力表或套管压力表上记录到的超过平衡地层压力的压力值。

产生圈闭压力的原因主要有四点，一是停泵前关井；二是关井后泵还在继续运转；三是关井时间长，天然气滑脱上升；四是关井后立压高于套压。显然，用含有圈闭压力的关井立管压力值计算地层压力是错误的。

6.2.4.2　检查或消除圈闭压力的要求及方法

检查或消除圈闭压力的要求一是必须通过节流阀排放液体；二是排出的量必须准确计量；三是要有小量程的压力表；四是压力变化要有专人记录。

（1）基于立管压力的方法和步骤：

① 通过节流管汇，从环空放出少量钻井液，这样可避免污染钻柱内钻井液及堵塞钻头水眼。每次放出 50~80L 钻井液，然后关闭节流阀和平板阀，观察立管压力的变化。

② 等待时间（井深×2÷0.3km/s）后，观察并记录关井立压，如果释放钻井液后的关井立压低于释放钻井液前的关井立压，则证明有圈闭压力，应继续释放

钻井液。

③ 再次打开节流阀，放出 50~80L 钻井液，然后关节流阀，如果关井立压仍有下降，则按上述步骤继续释放钻井液，直至压力没有变化。

④ 如果关节流阀后，关井立压不下降，那么这时记录的关井立压就是真实关井立管压力。

（2）基于套管压力的方法和步骤：

① 打开节流阀，放出 50~80L 钻井液后关节流阀。

② 观察并记录关井套压，如果释放钻井液后的关井套压低于释放钻井液前的关井套压，则证明有圈闭压力，应继续释放钻井液。

③ 再次打开节流阀后，放出 50~80L 钻井液，然后关节流阀，如果关井套压仍有下降，则按上述步骤继续释放钻井液。

④ 如果关节流阀后，关井套压不下降，反而升高，说明圈闭压力已被释放完。

6.2.5 关井套压的控制

6.2.5.1 最大允许关井套压的确定

发生溢流关井时，最大允许关井套压值原则上不得超过下面 3 个数值中的最小值。

（1）井口装置的额定工作压力：

按规定，井口装置的额定工作压力要与地层压力相匹配，如果井口装置是严格按规定进行选择、安装和试压的，其承压能力应能完全满足关井要求，在 1 口设计正确的井中，该数值通常是最大的。

（2）套管最小抗内压强度的 80%：

该数值一般可以在手册中查到，套管抗内压强度取决于套管材料、壁厚和外径。根据套管抗内压强度确定关井套压要考虑一定的安全系数，即一般要求不大于套管抗内压强度的 80%，一旦在施工中出现套管磨损，或溢流物中有硫化氢存在，以及其他一切影响套管强度的因素，需要考虑重新核定该数值。另外，在具体计算时还要考虑套管外水泥封固、管内流体密度不同带来的影响，管内为施工中用的钻井液，管外流体密度选择尚无定论，有的油田按照清水或盐水考虑，有些油田按照地层压力进行确定。

（3）地层破裂压力所允许的关井套压值：

地层所能承受的关井压力取决于地层破裂压力梯度、井深及井内液柱压力，一般情况下，套管鞋处是裸眼井段最薄弱的位置，所以，通常以套管鞋处地层破裂压力所允许的关井套压值作为最大允许关井套压值。

其计算方法如下：

$$p_{amax} = 0.0098(\rho_e - \rho_m)H \qquad (6-7)$$

式中　p_{amax}——最大允许关井套压，MPa；

　　　ρ_e——地层破裂压力当量钻井液密度，g/cm³；

　　　ρ_m——当前井内钻井液密度，g/cm³；

　　　H——地层破裂压力试验层（套管鞋）垂深，m。

6.2.5.2　关井套压升高的放压操作

（1）基于立管压力的放压操作。

① 观察并记录关井立压。

② 确定放压过程中的关井立压的上下限。上限＝下限+0.5MPa 左右；下限＝关井立压+0.5MPa 左右。

③ 当关井立压达到上限时，打开节流阀，放掉一部分钻井液（约0.5m³左右），当立管压力降到下限时关闭节流阀。

④ 关井后，天然气继续上升。当关井立压再次上升到上限时，再按上述方法继续重复操作，直到开始循环或气柱到达井口。

（2）基于套管压力的放压操作。

① 观察并记录关井套压。

② 确定放压过程中的关井套压的上下限：

$$上限＝下限+0.5MPa 左右$$
$$下限＝关井立压+0.5MPa 左右+n×\Delta p$$

式中　n——排出 0.1m³ 钻井液的总次数。

　　　Δp——排出 0.1m³ 钻井液后压力的增加值，MPa。

③ 当关井套压达到上限时，打开节流阀，放掉一部分钻井液（约 0.5～0.7m³左右），当套管压力降到下限时关闭节流阀。

④ 关井后，天然气继续上升。当关井管压再次上升到上限时，再按上述方法继续重复操作，直到开始循环或气柱到达井口。

6.2.6　关井时应注意的问题

（1）井控的关键岗位是：坐岗（溢流发现）。该岗位的主要任务如下：

① 发现溢流和油气侵，发现越早越易控制。

② 坐岗必须经过培训，要有坐岗记录，发现溢流、井漏及油气显示应立即报告司钻。

③ 从开钻到完井无论何种状况下施工，都要始终坚持坐岗。

（2）井控处置的第一人：当班司钻，司钻的主要任务如下：

① 迅速报警，观察、分析、判断确定溢流后关井。

② 实施关井，迅速组织、指挥全班人员采取措施关井（抢接内防喷工具或抢下钻杆）。

③ 认真记录套、立管压力及相关情况，并报告钻井监督、平台经理和工程师。

（3）抢接止回阀时要注意：

① 钻杆内井涌小能抢接上。

② 涌量大时需接方钻杆旋塞。

③ 无论何种情况必须迅速抢接止回阀或旋塞。

（4）报警时要注意：

① 报警设备包括电、气喇叭，手摇式报警器，敲响钟，电话等；特殊的报警设备包括泥浆液量报警器、可燃气体、硫化氢气体报警器。

② 报警信号必须统一且为员工熟知。

③ 迅速向上级报告，启动应急预案。

（5）抢下钻杆要注意：

① 准备工作一定要准备配合接头、止回阀、防喷单根，提升短节一定要带有钻杆内螺纹。

② 遵守果断决定、统一指挥、动作快捷、安全操作、能下则多下、关井要及时的原则。

③ 满足如下 4 个条件之一。

（a）溢流、井涌不严重并可以控制。

（b）已抢接上止回阀。

（c）起、下钻铤作业，或井内钻具少。

（d）空井。

（6）关井防止钻具上窜问题。

关井时立管压力、套管压力的升高，会对井口产生一个上顶的力。

上窜力（上顶力）＝关井立管压力×关井钻具面积；

钻具悬重＝井内钻具自重×钻井液浮力系数 $(1-\rho_{钻井液}/\rho_{钻具})$。

其中，$\rho_{钻井液}$ 为钻井液密度，单位为 g/cm^3；$\rho_{钻具}$ 为钻具钢材的密度，单位为 g/cm^3。

如果上窜力大于钻具悬重、封井器夹紧力与钻具井内摩擦力之和，钻具将上窜。

防止上窜的办法如下：

① 尽量多抢下钻杆，并且尽量使用闸板关井。

② 封井时闸板最好封在钻杆公接箍上 0.5~1.0m 处。

③ 提着钻具关井。

④ 关井后随时观察悬重和立管压力变化。

⑤ 根据井内钻具迅速计算并确定上窜时的最小立管压力。

⑥ 司钻刹把操作时不能离开，钻具上窜时，应及时上提游车，使钻杆接头顶着闸板，操作绝对不能过猛，防止提坏井口或提断钻具。

⑦ 压井时控制立管压力，最好是在钻杆接箍顶着闸板后压井。

⑧ 不要下钻具对井控装备、套管进行贯通试压。

（7）确定关井套管压力与关井立管压力时要注意的问题如下。

① 关井套管允许压力不能超过封井器额定压力、地层破裂压力、套管抗内压强度的 80%中的最小值，否则，适度放喷泄压。

② 关井立压力不能超过泵、立管、地面管汇、阀门、水龙带、水龙头耐压力的最小值，否则，关方钻杆旋塞，换高一级别的压裂试压头。

③ 由于有流体侵入（特别是气侵），破裂压力是不好确定的，最好只考虑井口、套管、地面设备的承压压力。

（8）是否要关井求压的判断。

井控与卡钻之间，首先要保证井控安全。对于不熟悉的地层，关井求压是安全井控的必要条件。

对于极易发生卡钻的井眼，如果地面溢流速度很低，并且对地层基本了解，或者虽不太了解，但井口装备好，套管鞋处地层承压较高，也可以考虑起出几柱后再关井。

不关井而通过不断加重钻井液密度边钻进、边压井的办法在高压高渗井是危险的。

常温常压下，压力波在纯水中的传播速度约为 1450m/s，在空气中约为 340m/s，而在气液两相流中则低得多，有时低达 30m/s 左右，这主要取决于含气量多少。

压力波的传播速度慢，节流阀调节后需要较长时间立压表才能反映出来，但如果认识不到这一点，就有可能连续调节节流阀，等到压力波传到立压表处，立压将连续上升，有可能压漏地层；反之，当认为立压高时，也有可能连续调节节流阀使立压连续降低，导致地层气体继续侵入井眼。

立压和套压相互间是有滞后的，在节流和压井作业时，应充分考虑到这一点。

（9）关井条件下气体运移。

气体带压运移，上升过程中关井压力不断上升，作用在井眼各处压力不断增大。

关井条件下运移速度的测试：

$$H = \frac{\Delta p_a}{\rho g} \tag{6-8}$$

$$v = \frac{H}{\Delta t} \tag{6-9}$$

式中　H——运移距离（高度），m；

　　　Δp_a——套压升高值，MPa；

　　　Δt——关井观察时间，h；

　　　g——与重力加速度有关，取 0.0098m/s；

　　　ρ——钻井液密度，g/cm^3；

　　　v——运移速度，m/h。

在此情况下要特别注意：

① 认真观察并记录立管和套管压力变化；

② 钻台刹把不能离人，不能停机；

③ 检查有无泄漏；

④ 如果关井立压超过地面设备承压，关旋塞；

⑤ 如果关井套管压力超过允许值，适度泄压（只排气泄压，不排液或少排液，排多少尽量多补挤进入井内）；

⑥ 尽量不要放喷泄压（大可不必过多考虑会造成地层破裂和地下井喷）；

⑦ 迅速做压井准备（配压井液，检查井控设备，制定压井措施）；

⑧ 千万不要活动钻具和封井器。

总之，一旦发现溢流，必须按照正确的方法关井。关井程序应当是成熟的，人人都掌握的，并且符合实际。在有毒气体溢出井口时，靠近井口作业必须戴好防毒面具。井喷是灾难性的恶性事故，一旦发生井喷，可导致人员伤亡、设备毁坏、资源浪费和严重的环境污染。因此加强对溢流的监测和正确的关井程序两者都是十分重要的。

多假设一些"怎么办"。如果某人不在岗位上怎么办？如果某设备不能正常运转怎么办？如果井下发生了复杂情况怎么办？应变措施应事先制定出来，经班组人员充分讨论并加以演练。碰到意外的情况，不要惊慌失措；出现事先预料到的情况，也必须认真对待，切不可马虎大意。

要经常强调迅速而正确关井的重要性。尽早发现溢流，正确的关井，这是实现井控的基本条件。如果发现溢流预兆，应立即正确关井。也许后来证明可以不用关井，但这样做总比由于惊慌失措而造成失误，导致不能正确关井而造成灾难性的后果要好得多。

6.3 常规压井工艺技术

常规压井法简言之就是井底常压法，是一种保持井底压力不变而排出井内气侵钻井液的方法。司钻法、工程师法、边循环加重法和其他方法都遵守一个重要的准则就是井底常压。每种方法都是通过改变地面压力达到平衡地层压力的目的，唯一的区别是压井过程中第一个循环所用的钻井液密度不同。

关井后立管压力为零表明钻井液静液柱压力足以平衡地层压力，发生溢流是由抽汲、井壁扩散气、钻屑气等使环空钻井液静液柱压力降低所致。

（1）关井套压为零时，保持原钻进排量、泵压，全部打开节流阀循环原钻井液，排除受污染的钻井液即可。

（2）关井套压不为零时，应控制回压维持原钻进排量和泵压阻止溢流，恢复井内压力平衡。再用短程起下钻检验，决定是否调整钻井液密度，然后恢复正常作业。

（3）关井立管压力不为零时，根据井身结构的不同可采用边循环边加重、一次循环法（工程师法）及二次循环法（司钻法）等常规压井方法，也可以采用置换法、压回法等特殊压井方法，以及低套压压井法等非常规压井方法压井。

6.3.1 常规压井方法的选择

6.3.1.1 选用压井方法的一般准则

压井方法的选用是关系到压井成败的重要因素，选用时需考虑以下因素：

（1）根据计算的压井参数和本井的具体条件，如溢流类型、重钻井液和加重剂的储备情况、加重能力、井壁稳定性、井口装置的额定工作压力等选择压井方法；

（2）如果井涌被发现得及时，采用一般的或者常规的压井方法就可以控制；但如果发现得不及时，则可能给后期抢险造成巨大的麻烦，常规的、低风险的压井方法也就无法使用；

（3）井内管柱的深度和规范。一些套管下得较浅、地层破裂压力较低的井，不适宜用常规的压井方法进行压井；

（4）管柱内阻塞或循环通道。如果压井时钻头水眼被堵，则常规的压井方法和反循环压井方法可能无法使用；

（5）实施压井工艺的井眼及地层特性。在地层侵入物的压力一定的情况下，储层物性差的地层肯定要比储层物性好的地层好处理；

（6）空井溢流关井后，根据溢流的严重程度，可采取强行下钻到底法、置换法、压回法等特殊压井方法分别进行处理；

（7）天然气溢流不允许长时间关井而不作处理。在等候加重材料或在加重过程中，视情况间隔一段时间向井内灌注加重钻井液，同时用节流管汇控制回压，保持井底压力略大于地层压力，排放井口附近含气钻井液。若等候时间长，则应及时实施司钻法的第一步排除溢流，防止井口压力过高；

（8）压井施工前必须进行技术交底、设备安全检查等工作，落实操作岗位，详细记录立管压力、套压、钻井液泵入量、钻井液性能等压井参数，要认真填写压井作业施工单。

以上因素是压井方法选择的主要依据。下文将就如何选择合适的压井方法以及各种状况下井控施工风险的高低作定性介绍，做到合理规避风险、选用最优压井方法和施工工艺。

6.3.1.2　常规压井法的选用原则

常规压井法的选用原则包括：

（1）在整个压井过程中，始终保持压井排量不变。

（2）采用小排量压井，一般压井排量为钻进排量的 1/3~1/2。

（3）压井液量一般为井筒有效容积的 1.5~2 倍。

（4）压井过程中要保持井底压力恒定并略大于地层压力，通过控制回压（立、套压）来达到控制井底压力的目的。

（5）要保证压井施工的连续性。

工程师法、司钻法、边循环边加重法是压井的 3 种方法，均可采用。它们具备两个条件，一是能安全压井；二是在不超过套管与井口设备许用压力条件下能循环液流。至于选择哪种方法，要根据各油田的具体情况和压井工程师的经验进行选择。对于多数没有经验的油田人员来说，需考虑的问题是：

（1）完成整个压井作业所需的时间；

（2）由溢流引起的井口套压值；

（3）压井方法本身在实施时的复杂程度；

（4）压井作用于地层的井口压力，是否会造成地下井喷。

根据以上 4 个因素，3 种常规压井方法的比较列于表 6-1，现场井控人员可以根据现场资料的掌握情况、安全风险程度来选用。

表 6-1　3 种常规压井方法的比选

压井方法	压井作业所需的时间	井口套压极值	实施时的复杂程度	压破套管鞋、地下井喷的可能性
工程师法	最短	最低	最低	最大

压井方法	压井作业所需的时间	井口套压极值	实施时的复杂程度	压破套管鞋、地下井喷的可能性
司钻法	居中	最高	居中	最小
边循环边加重法	最长	居中	最大	居中

6.3.2 常规压井工艺

随着油气勘探钻井深度的增加、环保要求的升高，高压、高含硫、高危的"三高井"比例逐渐增加，特别是气井钻井数目的日益增多，使得钻井过程中的压井难度也明显增加。

钻井井控压井环节是井控突发事件的一个风险源。要防止井喷事故，就要及时发现溢流，并立即关好井，但关好井并不意味着安全。在生产实际中，进行多次同方法重复性压井作业还不能有效控制和排除溢流的实例并非个别，更危险的是不少井喷事故是在关井后的压井作业期间发生的。据不完全抽样调查统计，在关井后的压井作业期间压不住井、不能有效控制和排除溢流而导致发生井喷事故的井占所有井喷失控事故井的比例一度达到40%以上。

6.3.2.1 压井基本原理

压井就是向失去压力平衡的井内泵入高密度的压井液，并始终控制井底压力略大于地层压力，保证不出现新的溢流，重建和恢复压力平衡的作业。

压井原理：以U形管原理为依据，利用地面节流阀产生的阻力（即回压）和井内液柱压力形成的井底压力来平衡地层压力实现压井。

6.3.2.2 压井基本数据计算

（1）溢流种类的判别。

确定流体类型主要方法之一是看是否有气侵入井眼中。假如仅仅是液体侵入，那压力控制就很简单。要可靠地确定侵入流体类型，必须对钻井液池中增加的溢流进行精确的计量。

$$\rho_{\mathrm{w}} = \rho_{\mathrm{m}} - \frac{102(p_{\mathrm{a}} - p_{\mathrm{d}})}{h_{\mathrm{w}}} \tag{6-10}$$

$$h_{\mathrm{w}} = \frac{\Delta V}{V_{\mathrm{a}}} \tag{6-11}$$

式中　ΔV——溢流量，L；

V_{a}——环空的容积系数，L；

ρ_{w}——地层流体密度，g/cm³；

ρ_m——原钻井液密度，g/cm³；

p_a——关井套管压力，MPa；

p_d——关井立管压力，MPa；

ΔV——钻井液池钻井液增量，m³；

V_a——溢流所在环空截面积，m³/m；

h_w——地层流体在环空所占高度，m。

根据 ρ_w 计算公式计算可确定溢流种类。

当溢流进入井内流体密度为：

① 0.12~0.36g/cm³ 之间，则为天然气溢流。

② 0.36~1.07g/cm³ 之间，则为油溢流或混合流体。

③ 1.07~1.20g/cm³ 之间，则为盐水溢流。

（2）地层压力及压井液密度计算。

计算地层压力：

$$p_P = 0.0098\rho_m H + P_d \tag{6-12}$$

计算压井液密度：

$$\rho_{mk} = \frac{102P_d}{H} + \rho_m + \rho_e \tag{6-13}$$

式中 ρ_{mk}——压井液密度，g/cm³；

ρ_m——原钻井液密度，g/cm³；

ρ_e——钻井液密度附加安全值，g/cm³；

P_d——关井立管压力，MPa。

一般油井 $\rho_e = 0.05 \sim 0.10$g/cm³；气井 $\rho_e = 0.07 \sim 0.15$g/cm³。

（3）钻柱内外容积及压井泥浆量计算。

钻柱内容积 V_1：

$$V_1 = \frac{\pi}{4}(D_1^2 L_1 + D_2^2 L_2 + \cdots + D_n^2 L_n) \tag{6-14}$$

钻柱外容积 V_2：

$$V_2 = \frac{\pi}{4}[(D_{h1}^2 - D_{p1}^2)L_1 + (D_{h2}^2 - D_{p2}^2)L_2 + \cdots + (D_{hn}^2 - D_{pn}^2)L_n] \tag{6-15}$$

式中 D——钻具内径，m；

D_h——井径或套管内径，m；

D_p——钻具外径，m；

L——钻具或井段长度，m；

V_1——钻柱内容积，m^3；

V_2——钻柱外容积，m^3。

总容积 $V=V_1+V_2$，所需压井液量一般取总容积的 1.5~2 倍。

（4）压井循环时间计算。

压井液从地面到达钻头的时间 t_1：

$$t_1 = \frac{1000V_1}{60Q} \tag{6-16}$$

式中　t_1——压井液从地面到达钻头的时间，min；

Q——压井时的排量，L/s，一般为正常钻进排量的 1/2~1/3。

压井液从钻头到达地面的时间 t_2：

$$t_2 = \frac{1000V_2}{60Q} \tag{6-17}$$

式中　t_2——压井液从钻头到达地面的时间，min。

循环一周总时间为：

$$t = t_1 + t_2 \tag{6-18}$$

（5）压井液加重剂用量及加重后液体体积计算。

① 已知所需加重钻井液的体积，求加重材料用量。

$$G = \frac{\rho_s V_1 (\rho_1 - \rho_0)}{\rho_s - \rho_0} \tag{6-19}$$

所需原钻井液的体积等于加重后钻井液的总体积 V_1 减去加入加重材料的体积。

② 已知原钻井液的体积，求加重材料用量。

$$G = \frac{\rho_s V_0 (\rho_1 - \rho_0)}{\rho_s - \rho_1} \tag{6-20}$$

加重后钻井液的总体积 V_1 等于加重前钻井液的总体积 V_0 加上所加入的加重材料的体积。

式中　G——所需加重后材料重量，t；

V_1——加重后钻井液的总体积，m^3；

V_0——加重前钻井液的总体积，m^3；

ρ_1——加重后钻井液密度，g/cm^3；

ρ_s——加重剂密度，g/cm^3；

ρ_0——原钻井液密度，g/cm^3。

（6）循环总立压计算

① 初始循环总立压 p_{Ti} 计算。

初始循环总立压是指压井液刚开始泵入钻柱时的立管压力。

$$p_{Ti} = p_d + p_{ci} \tag{6-21}$$

式中　p_d——关井立压，MPa；

　　　p_{ci}——原浆在压井排量下的循环压耗，MPa；

　　　p_{Ti}——初始循环总立压，MPa。

求 p_{ci} 的方法：

（a）低泵速泵压实测法。

钻入高压油气层前，要求每天早班用选定的压井排量进行循环实验，测得相应的立管压力值就是低泵速泵压。将低泵速泵压的数值及所用排量记到班报表上，便于压井时查用。

（b）公式法求 p_{ci}。

$$p_{ci} = p_1 \left(\frac{Q}{Q_1} \right)^2 \tag{6-22}$$

式中　Q_1——溢流前正常钻进的排量，L/s；

　　　p_1——Q_1 所对应的循环泵压，MPa。

　　　Q——溢流后压井时的排量，L/s；

② 终了循环总立压 p_{Tf} 计算。

终了循环总立压是指压井液进入环空后，用压井排量循环时的立管总压力。

$$p_{Tf} = p_{cf} \tag{6-23}$$

式中　p_{Tf}——终了循环立管总压力，MPa；

　　　p_{cf}——压井液循环压耗，MPa。

钻井液在同一系统内循环时，循环压耗与钻井液的密度成正比。因此，可以用原钻井液循环压耗 p_{ci} 求得压井液循环压耗 p_{cf}：

$$p_{cf} = \rho_{mk} \frac{p_{ci}}{\rho_m} \tag{6-24}$$

式中　ρ_{mk}——压井液密度，g/cm^3；

　　　ρ_m——原钻井液密度，g/cm^3。

（7）压井施工单的填写。

压井施工单如图 6-2 所示。

井号_____　日期_____　设计人_____

原始记录数据

测量井深：$H =$ _____ m　　　　垂直井深：$H =$ _____ m

原钻井液密度：$\rho_m =$ _____ g/cm^3　　钻井排量：$Q =$ _____ L/s

套管鞋处深度：$h =$ _____ m　　　　压井排量：$Q_1 =$ _____ L/s

破裂压力梯度：$G_f =$ _____ kPa/m　　低泵速：$v =$ _____ 冲/min

低泵速泵压：$p_{ci} =$ _____ MPa

溢流时记录的数据

关井立管压力：$p_d =$ _____ MPa　　关井套管压力：$p_a =$ _____ MPa

钻井液池增量：$\Delta V =$ _____ m^3

压井计算数据

压井钻井液密度：$\rho_{m1} = \rho_m + 0.102 p_d / H = ($ 　 $) + ($ 　 $) =$ _____ g/cm^3

初始循环立管压力：$p_{Ti} = p_d + p_{ci} = ($ 　 $) + ($ 　 $) =$ _____ MPa

终了循环立管压力：$p_{Tf} = (\rho_{m1} / \rho_m) p_{ci} = ($ 　 / 　 $) \times ($ 　 $) =$ _____ MPa

地面到钻头容积、时间：$V_1 =$ _____ L, _____ min

钻头到地面容积、时间：$V_2 =$ _____ L, _____ min

管内外总容积、时间：$V =$ _____ L, _____ min

最大允许关井套压：$[p_a] = (G_f - G_m) h = ($ 　 $-$ 　 $) \times ($ 　 $) =$ _____ MPa

立管压力控制表

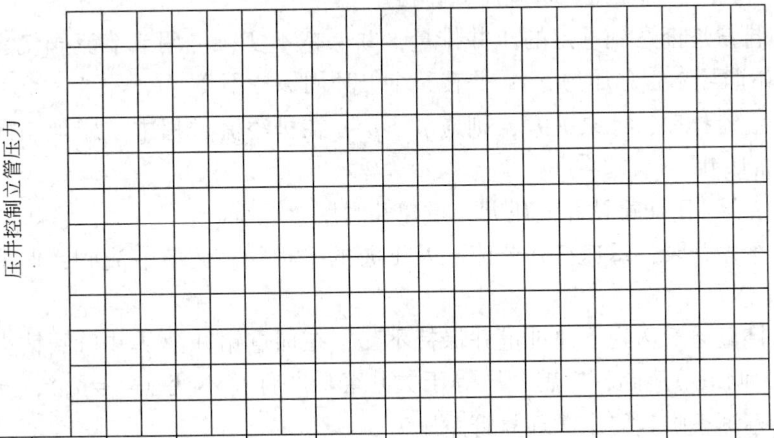

时间 min											
泵冲 数冲											
立压 MPa											

图 6-2　压井施工单

6.3.2.3　司钻法压井

（1）什么是司钻法压井？

司钻法压井是发生溢流关井后，先用原密度钻井液循环排出溢流，再用加重钻井液压井的方法，用2个循环周完成压井。

（2）司钻法压井基本操作步骤（图6-3）。

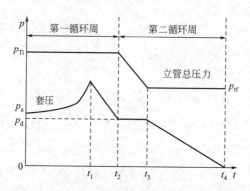

图6-3　司钻法压井立压和套压变化曲线图

第一步，用原钻井液循环排出溢流：

① 缓慢开泵，迅速打开节流阀及上游的平板阀，调节节流阀，保持关井套管压力不变，一直保持到达到压井排量。

② 排量逐渐达到选定的压井排量，并保持不变，再调节节流阀使立管压力等于初始循环立管总压力 p_{Ti}；并在整个循环周保持不变。

③ 溢流排完，停泵关井，则应 $p_d = p_a$，在排溢流过程中，应配制加重钻井液，准备压井。

第二步，用加重钻井液压井，重建井内压力平衡：

① 缓慢开泵，迅速打开节流阀及下游的平板阀，调节节流阀，保持关井套压不变。

② 排量逐渐达到压井排量并保持不变，在加重钻井液从井口到钻头的这段时间内，调节节流阀，控制套压等于关井套压并保持不变（$p_a = p_d$），立管总压力由 p_{Ti} 逐渐下降到终了循环立管总压力 p_{Tf}。

③ 加重钻井液出钻头返至环空，调节节流阀，控制立管压力等于终了循环立管总压力 p_{Tf}，并保持不变，直到加重钻井液返出地面，停泵关节流阀及下游平板阀，此时若 $p_d = 0$，$p_a = 0$，则压井成功。

6.3.2.4　工程师法压井（一次循环法）

（1）什么是工程师法压井？

溢流发生后，迅速关井，记录溢流数据，计算压井数据，填写压井施工单，绘出立管压力控制进度表，加重钻井液，用加重钻井液在 1 个循环周内完成压井。

（2）工程师法压井基本操作步骤（图6-4）。

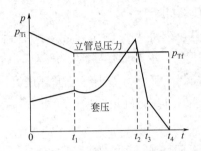

图 6-4　工程师法压井立压和套压变化曲线图

① 缓慢开泵，迅速打开节流阀及上游平板阀，调节节流阀，使套压保持不变，当排量达到压井排量时，调节节流阀，使立管压力等于初始立管总压力。

② 在加重钻井液由地面到钻头的这段时间内，调节节流阀，控制立管压力按照立管压力控制进度表变化，即由初始循环立管总压力下降到终了循环立管总压力。

③ 加重钻井液由钻头返出时，调节节流阀，使立管压力保持终了循环立管总压力不变，直到加重钻井液返出地面，停泵关井，若 $p_a = p_d = 0$，则压井成功。

6.3.2.5　边循环变加重法压井

边循环边加重法压井是指发现溢流关井求压后，一边加重钻井液，一边把加重的钻井液泵入井内，在一个或多个循环周内完成压井的方法。

这种方法常用于现场，当储备的重钻井液与所需压井钻井液密度相差较大，需加重调整，且井下情况复杂需及时压井时，多采用此方法压井。此法在现场施工中，由于钻柱中的压井液密度不同，会给控制立管压力以维持稳定的井底压力带来困难。若压井液密度等差递增，并均按钻具内容积配制每种密度的钻井液，则立管压力也就等差递减，这样控制起来相对容易一些。

将密度为 ρ_m 钻井液提高到密度为 ρ_1 压井液，当其到达钻头时的终了立管压力为：

$$p_{tf1} = \frac{\rho_1}{\rho_m} p_L + (\rho_k - \rho_1) gH \qquad (6-25)$$

式中　p_{tf1}——终了立管压力，MPa；

ρ_1——第 1 次调整后的钻井液密度，g/cm^3；

ρ_k——压井钻井液密度，g/cm^3；

ρ_m——原钻井液密度，g/cm^3；

H——井深，m；

p_L——低泵速泵压，MPa。

此公式的物理意义是：密度为 ρ_1 的压井液从地面到钻头的过程中，需要控制立管压力从初始循环压力 p_{tf} 逐渐下降到终了循环压力 p_{tf1}；当该密度的压井液沿环空上返过程中，应控制立管压力等于终了循环压力 p_{tf1} 不变。当第 2 循环周压井液密度重新调整后，应再重新确定初始循环压力和终了循环压力，直至最后把井压住。

6.3.2.6 压井作业中应注意的问题

（1）开泵与节流阀的调节要协调。

从关井状态改变为压井状态时，开泵和打开节流阀应协调，节流阀开得太大，井底压力降低，地层流体可能侵入井内；节流阀开得太小，套压升高，井底压力过大，可能压漏地层。

（2）控制排量。

整个压井过程中，必须用选定的压井排量循环，并保持排量不变，由于某种原因必须改变排量时，必须重新测定压井时的循环压力，重算初始循环压力和终了循环压力。

（3）控制好压井液密度。

压井液密度要均匀，大小要恰好能平衡地层压力。

（4）要注意立压的滞后现象。

压井过程中，通过调节节流阀控制立、套压，从而达到控制井底压力的目的，压力从节流阀处传递到立压表上要滞后一段时间，其长短主要取决溢流的种类及溢流的严重程度。

（5）节流阀堵塞或刺坏。

钻井液中的砂粒、岩屑很可能堵塞节流阀，高速液流可能刺坏节流阀。节流阀堵塞时套压会升高，解决的办法是迅速打开节流阀，疏通后，迅速关回原位。若此法不成功，改用备用节流阀。若节流阀刺坏严重，也要改用备用节流阀。

（6）钻具刺坏。

钻具刺坏，泵压下降，泵速提高，钻具断，悬重减小。观察立压、套压，若两者相等，说明溢流在断口下方，若是气体溢流，气体上升到断口时，再用加重钻井液压井；若关井套压大于关井立压，说明溢流已经上升到断口上方，可立即用重钻井液压井。

（7）钻头水眼堵。

水眼堵时，立管压力迅速升高，而套压不变。记下套压，停泵关井，确定新的立管压力值后，再继续压井；水眼完全堵死，不能循环时，先关井，再进行钻具内射孔，然后压井。

（8）井漏。

压井过程中发生井漏，先进行堵漏作业，然后再进行压井。

6.4　非常规压井工艺技术

非常规压井方法是溢流、井喷井不具备常规压井方法的条件而采用的压井方法，如空井井喷、钻井液喷空的压井等。

6.4.1　非常规压井方法

6.4.1.1　平衡点法

平衡点法适用于井内钻井液喷空后的天然气井压井，要求井口条件为：防喷器完好且关闭，钻柱在井底，天然气经放喷管线放喷。这种压井方法是一次循环法在特殊情况下压井的具体应用。

此方法的基本原理是：设钻井液喷空后的天然气井在压井过程中，环空存在一"平衡点"。所谓平衡点，即压井液返至该点时，井口控制的套压与平衡点以下压井液静液柱压力之和能够平衡地层压力。压井时，当压井液未返至平衡点时，为了尽快在环空建立起液柱压力，压井排量应以在用缸套下的最大泵压求算，保持套压等于最大允许套压；当压井液返至平衡点后，为了减小设备负荷，可采用压井排量循环，控制立管总压力等于终了循环压力，直至压井液返出井口，套压降至零。

平衡点按下式求出：

$$H_B = \frac{p_{aB}}{0.0098\rho_K} \qquad (6-26)$$

式中　H_B——平衡点深度，m；

　　　p_{aB}——最大允许控制套压，MPa；

　　　ρ_K——压井液密度，g/cm^3。

根据上式，压井过程中控制的最大套压等于"平衡点"以上至井口压井液静液柱压力。当压井钻井液返至"平衡点"以后，随着液柱压力的增加，控制套压减小直至零，压井液返至井口，井底压力始终不变，且略大于地层压力。因此，压井液密度的确定尤其要慎重。

6.4.1.2 置换法压井

（1）置换法压井基本原理。

置换法压井的基本原理：在关井情况下和确定的套管上限与下限压力范围内，分次注入一定数量的压井液、分次放出井内气体，直至井内充满压井液，即完成压井作业。每次注入压井液，井内气体受到压缩、套管压力将升高，同时井内形成一定高度的液柱并产生一定的液柱压力；每次放出气体，套管压力将随之降低。再次注入压井液时，控制的套管最高压力应减去该液柱压力；再次放出气体，下限套管压力也应减去该液柱压力。随着一次次注入压井液和放出气体，控制套管压力逐次降低，直至压井液到达井口、套管压力降为零，压井结束。

套管压力的升高将引起井底压力的增加，但井底压力增加是受限制的：一种限制是井底压力升高到一定值时将发生井漏，压井时应控制套管上限压力；另一种限制是在不发生井漏的情况下，应事先确定最高套管压力。就是说，置换法压井可分为两种情况来考虑：一种是井下发生漏失，一种是不发生漏失。不管是哪种情况，井口压力都不得超过防喷设备、井口套管的承压能力，井内压力不能高于地层压力，只有这样才能实施置换法压井。

同样，放出气体引起的套压降低也是有限制的，主要是随着套压的逐渐降低将引起井底压力的降低，当降至低于气层压力时将继续发生溢流。因此，防止气层再次发生溢流应控制当次放气套管压力降低的下限。

（2）置换法压井基本计算。

实施置换法压井，应针对地层漏失和地层不漏失两种情况分别考虑。两种情况下的初始条件的确定有差别，但计算方法基本相同。从最复杂、最危险的井内状况进行考虑，假定井内已经全部充满高压气体，忽略井底初期存在的少量液体，作为压井计算的基本前提。

① 地层漏失情况。

若地层容易发生漏失，应控制套管上限压力在关闭节流管汇情况下向井内注入压井液，套管压力将升高。当套压升至使井下开始发生漏失时，将基本保持稳定不再升高。最高套压需要在第一次注入压井液压井时进行测试。假定套压升至 p_1 后不再升高并基本保持稳定，该压力即为井下发生漏失的地面控制压力，也是整个压井施工过程中的套管上限压力。此时停止注入压井液并记录该压力与注入压井液量，并进行计算。

（a）第一次注入压井液形成的液柱高度：

$$H_1 = \frac{V_1}{q} \tag{6-27}$$

式中　H_1——第一次注入压井液在井内形成的液柱高度，m；

　　　V_1——第一次注入的压井液的体积，m^3；

　　　q——井眼单位长度的容积，m^3/m。

（b）第一次注入压井液形成的液柱压力：

$$\Delta p_1 = 10^{-3} \rho_m g H_1 \tag{6-28}$$

式中　Δp_1——第一次注入压井液形成的液柱压力，MPa；

　　　ρ_m——压井液密度，kg/L；

　　　g——重力加速度，m/s^2。

静止一定时间、确认压井液下沉至井底后，开节流阀放出部分井内气体。随着气体的放出，套管压力降低，井底压力也随之降低。当井底压力降至再次发生溢流时，套压将保持稳定不再降低，假定此时套压为 p_2，关闭节流阀第二次注入压井液。

（c）第二次注入压井液形成的液柱高度：

$$H_2 = \frac{V_2}{q} \tag{6-29}$$

式中　H_2——第二次注入压井液在井内形成的液柱高度，m；

　　　V_2——第二次注入的压井液的体积，m^3。

（d）第二次注入压井液形成的液柱压力：

$$\Delta p_2 = 10^{-3} \rho_m g H_2 \tag{6-30}$$

式中　Δp_2——第二次注入压井液形成的液柱压力，MPa。

依此逐次进行计算并进行压井作业，直至压井结束。

由于第一次注入压井液已形成液柱高度 H_1 和液柱压力 Δp_1，随着第二次注入压井液，套管压力将从 p_2 开始升高，但最高升至 $p_1 - \Delta p_1$ 时将不再升高，该压力是此时的井下漏失套管压力。同样，待压井液沉至底部后开节流阀放出气体时，套压最低降至 $p_2 - \Delta p_1$，低于该压力将再次发生溢流。$\Delta p = p_1 - p_2$ 是注入压井液和放出气体的最大压力波动范围。

第二次注入压井液，应以测出的上限套压 p_1 和注入液柱压力 Δp_1 为依据控制最高套压不超过 $p_1 - \Delta p_1$；第二次放出气体，应以测出的下限套压 p_2 和注入液柱压力 Δp_1 为依据控制最低套压不低于 $p_2 - \Delta p_1$。

由于第二次注入压井液形成液柱高度 H_2 和液柱压力 Δp_2，第三次注入压井液时套管压力将从 $p_2 - \Delta p_1$ 开始升高，但最高升至 $p_1 - \Delta p_1 - \Delta p_2$ 时不再升高，该压力是第三次注入压井液的井下漏失压力。同样，待压井液沉至底部后开节流阀放出气体时，套压最低降至 $p_2 - \Delta p_1 - \Delta p_2$，低于该压力将再次发生溢流。

依次注入压井液并放出井内气体，套管压力将逐次降低，如此进行注入压井液、放气操作，直至压井液到达井口、套压降至零时，压井结束。应该注意的是，随着井内液柱高度逐次增加，气体空间逐次减小，因此，注入压井液的量和放气量会逐次减小。

（e）最小压井次数与预计最长压井时间：

$$c = \frac{H}{H_1} \tag{6-31}$$

$$T = c(t_1 + t_2) \tag{6-32}$$

式中　c——最小压井次数，次；

　　　H——井深，m；

　　　t_1——初次注入压井液所用时间，h；

　　　t_2——初次注入压井液后静止及放气所用时间，h；

　　　T——预计最长压井总时间，h。

实际施工中，应记录下压力、注入压井液量，并计算出液柱高度与压力，填写压井记录表，（置换法压井施工记录表见表6-2。

表6-2　置换法压井施工记录表

井号			井深，m			井径，mm		井内容积 m³	
次数	时间		累计压井时间 min	注入量 m³	累计注入量 m³	最高套压 MPa	最低套压 MPa	形成液柱高度 m	形成液柱压力 MPa
	注入	静止与放气							

记录人：　　　　　　审核人：

② 地层不漏失情况。

若地层承压能力高、不发生漏失，就不需要测试漏失压力，但应依据现场实际情况确定或规定一个最高初始套管压力 p_1'（初始套管压力 p_1' 可以按照套管抗内压强度的80%或按其与井控装置最高承压能力二者中的小者并考虑一定的安全系数确定）。但放气压力仍需要测定，放气操作方法与地层漏失情况下的方法相同。

（a）第一次注入压井液形成的液柱高度：

$$H_1' = \frac{V_1'}{q} \tag{6-33}$$

式中　H_1'——第一次注入压力达到 p_1' 形成的液柱高度，m；

　　　V_1'——第一次注入压井液的体积，m³；

　　　q——井眼单位长度容积，m³/m。

（b）第一次注入压井液形成的液柱压力：

$$\Delta p_1' = 10^{-3}\rho_{m}gH_1' \tag{6-34}$$

式中　$\Delta p_1'$——第一次注入压井液形成的液柱压力，MPa；

　　　ρ_{m}——压井液密度，kg/L；

　　　g——重力加速度，m/s²。

静止一定时间开节流阀放出部分井内气体，套管压力降至 p_2' 保持稳定不再降低时，关闭节流阀第二次注入压井液。

（c）第二次注入压井液形成的液柱高度：

$$H_2' = \frac{V_2'}{q} \tag{6-35}$$

式中　H_2'——第二次注入压力达到 p_1' 时形成的液柱高度，m；

　　　V_2'——第二次注入压井液的体积，m³。

（d）第二次注入压井液形成的液柱压力：

$$\Delta p_2' = 10^{-3}\rho_{m}gH_2' \tag{6-36}$$

式中　$\Delta p_2'$——第二次注入压井液形成的液柱压力，MPa。

依此逐次进行计算与进行压井操作，直至压井结束。

（e）最小压井次数与预计最长压井时间：

$$c' = \frac{H}{H_1'} \tag{6-37}$$

$$T = c'(t_1 + t_2) \tag{6-38}$$

式中　c'——最小压井次数，次；

　　　H——井深，m；

　　　t_1——初次注入压井液所用时间，h；

　　　t_2——初次注入压井液后静止及放气所用时间，h；

　　　T——预计最长压井总时间，h。

施工中同样应填写压井记录表（格式见表6-4）。

与地层漏失情况下压井操作相同，通过多次注入压井液并放出井内气体，套管下限压力将逐次降低，直至压井液到达井口、套压降至零、压井结束。同时，由于气体空间逐次缩小，注入压井液量将逐次减小。与地层漏失情况不同的是，每次控制套管上限压力都是 p_1'，不需要每次减去液柱压力。因此，每次注压井液量和放出气体可以更多，压井次数减少。

为了便于操作和计算，可以确定在低于 p_1' 范围内每次注入的液柱高度（如每次100m、200m或300m等），然后计算出每次注入压井液的体积、液柱高度与液柱压力。但随着注入压井液次数的增加，套管压力将逐次升高，当升高至地

层开始漏失的套压 p_1 时，再按上述方式进行。

需要注意的是，虽然每次注入高度越高、压井次数将越少，但并不是每次注入高度越高越好。因每次注入量越多、越不利于液气置换，容易形成液柱、气柱分段现象，造成置换法压井实施不彻底、压井不成功。同样，每次放出的气体也应严格控制放出量：如果放出量少，放气不彻底，压井次数多；如果放出量大，造成再次溢流，引起井下情况进一步复杂甚至压井失败。因此，需要根据现场实际情况确定每次注入压井液与放出气体的量。

（3）压井步骤。

① 地层漏失情况。

（a）采用一定排量 Q（一般小于正常钻进排量）将压井液注入环空，观察套压升高情况；

（b）当套压升至一定值（p_1）并基本稳定时（开始漏失）停泵，记录注入量、套压；

（c）将注入量换算为井内液柱高度（H_1）和形成的液柱压力（Δp_1），确定下一次的最高套压和最低套压；

（d）静止一定时间，使压井液在环空气体中下沉至井底；

（e）缓慢开节流阀放出部分环空气体，观察套压下降情况；

（f）当套压降至一定值（p_2）并基本稳定时（地层流体开始涌入井内），关节流阀停止放气。

重复以上步骤，直至压井结束。

若发现放气过程中有液体放出，可能是节流阀开度过大或静止时间短，液体没有充分下沉的原因。应减小开度（或关闭节流阀）、增加静止时间，然后再进行放气操作。总的控制要求是：少注防井漏，少放防溢流。

② 地层不漏失情况。

第一种方式：

（a）采用一定排量 Q 将压井液注入环空，当套压升高至 p_1' 时停止注入；

（b）记录注入量和套压值；

（c）将注入量换算为井内液柱高度（H_1'），计算形成的液柱压力（$\Delta p_1'$）；

（d）静止一定时间，使压井液在环空气体中下沉至井底；

（e）缓慢开节流阀放出部分环空气体，观察套压下降情况；

（f）当套压降至一定值（p_2'）并基本稳定时，关节流阀停止放气体。

重复以上步骤，直至压井结束。

该方式压井每次注入压井液的上限压力都是 p_1'，这是与地层漏失情况的主要区别。

第二种方式：

若采用事先确定每次注入井段高度方式压井，操作步骤如下：

（a）设定套压上限 p_1'，确定每次注入井段长度 $\Delta H_2'$，换算为注入量 ΔV；

（b）采用排量 Q 将压井液注入环空，观察套压升高情况；若注入量未达到 ΔV 时套压已达到 p_1'，则改为第一种方式继续压井；

（c）记录实际套管压力，计算形成的液柱压力；

（d）静止一定时间，使压井液在环空气体中下沉至井底；

（e）缓慢开节流阀放出部分环空气体，当套压降至一定值（p_2'）并基本稳定时，关节流阀停止放气体。

重复以上步骤，直至压井结束。

该方式压井开始时每次的注入量可按井眼高度取整数确定（如每次 100m），以利于计算和控制。

6.4.1.3　容积法压井

（1）容积法压井的原理。

容积法基于井底压力的变化是由地面套压和环空静液压力的变化引起的。它的目的是给气体滑脱上升膨胀留出一定的空间，控制套压不要升的太高，适用于钻具堵塞不能建立循环、井内钻具很少或刺坏或井内没有钻具的情况。

（2）容积法压井的施工步骤。

环空静液压力减少值可用下式计算：

$$\Delta p_m = 0.0098 \rho_m \Delta V / V_a \tag{6-39}$$

式中　Δp_m——环空钻井液静液压力减少值，MPa；

　　　ΔV——环空钻井液量的减少值，m^3；

　　　V_a——环空单位长度容积，m^3/m。

气体膨胀使环空静液压力的减少值就是套压的升高值，故有：

$$\Delta p_m = \Delta p_a \tag{6-40}$$

式中　Δp_a——套压的升高值，MPa。

利用间隙放钻井液的方法释放压力，并通过控制套压和放出的钻井液量来控制井内压力不变，使井底压力略高于地层压力，以防止在放压过程中井内进入天然气。

容积法压井的具体步骤如下：

① 先确定一个大于初始关井套压的允许套压值 p_{a1}；再确定一个允许上升值 Δp_a。

② 当关井套压上升至 $p_{a1}+\Delta p_a$ 时，通过节流阀放出钻井液，此时环空静液压力减小值为 Δp_{m1}。

③ 关井后气体继续上升，使套压再次升至 $p_{a1}+\Delta p_{m1}+\Delta p_a$ 时，通过节流阀再次放出钻井液，使套压降至 $p_{a1}+\Delta p_{m1}$，此时环空静液压力减小值为 Δp_{m2}。

④ 关井后气体上升，继续按上述步骤操作，使套压升至 $p_{a1}+\Delta p_{m1}+\Delta p_{m2}+\cdots+\Delta p_{mn}+\Delta p_a$ 时，通过节流阀放出钻井液使套压降至 $p_{a1}+\Delta p_{m1}+\Delta p_{m2}+\cdots+\Delta p_{mn}$ 关井，直至气体上升至井口为止。

Δp_m 是每次放出钻井液时环空静液压力的减小值，即每次放完钻井液后套压所需的补偿值，每次放出的钻井液量可用理想气体状态方程求出，由于气体上移膨胀程度不同，因此每次放出的钻井液量必须通过计算或通过计量得出。

天然气上升至井口后，既不能让天然气放空又不能恢复循环，必须采用顶部压井法处理。

容积法的假设条件是侵入井内的天然气是一个连续气柱，占据整段环空，忽略气柱本身重量，并假设天然气上升过程中不再侵入新的天然气。

6.4.1.4 压回法

所谓压回法，就是从环空泵入钻井液把进井筒的溢流压回地层。此法适用于空井溢流、井涌初期，天然气溢流未滑脱上升或上升不很高、套管下得较深、裸眼短，只有一个产层且渗透性很好的情况，特别适合含硫化氢的溢流。

具体施工方法是：以最大允许关井套压作为施工的最高工作压力，挤入压井液。挤入的压井液可以是钻进用钻井液或稍重一点的钻井液，挤入的量至少等于关井时钻井液罐增量，直到井内压力平衡得到恢复。使用压回法要慎重，不具备上述条件的溢流最好不要采用该方法。

6.4.2 非常规压井方法的选择

非常规井控是指发生井喷或井喷失控以后，以及在一些特殊情况下，为在井内建立液柱、恢复和重新控制地层压力所采用的压井方法，如钻柱不在井底、井漏、钻柱堵塞或井内无钻具、空井、修井喷空等施工的压井。在处理高压气层发生的溢流时，压井方法的选择非常重要，不同的条件应选择不同的压井方法，如果压井方法选用不当，将会导致压井施工失败，严重时可能导致井喷失控。

压井方法的选用需要确定的因素包括：一是井内管柱的深度和规范；二是管柱内阻塞或循环通道；三是实施压井工艺的井眼及地层特性。如果方法选用不当、计算不准确，可能造成井涌、井喷或井漏，都会损害产层。

在高压气井发生井涌时，究竟是选择常规压井法还是非常规压井法，则要具体情况具体分析。常规压井法与非常规压井法的选择步骤如图6-5所示，具体选用何种压井方法，还应参照现场压井过程中的各项参数计算结果和工程师的经验。

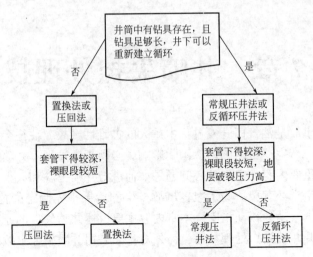

图 6-5　压井方法选择流程图

第7章 井喷失控处理技术

井喷失控事故是油气田开发过程中重大的灾难性事故，往往会造成人、财和物的重大损失，产生严重的国内、国际影响，必须高度重视。井喷失控处理技术是三级井控的重要内容，它的核心问题是如何进行井喷抢险和灭火。井喷失控事故应急预案是生产经营单位为了减轻事故产生的后果预先制定的抢险救灾方案，是进行事故救援活动的行动指南。本章内容主要讲述井喷失控的原因、造成的危害以及天然气井井喷失控处理技术，另外对集团公司井喷失控事故应急预案做一定介绍。

7.1 井喷失控的原因及造成的危害

7.1.1 井喷失控的原因

据不完全统计，1949~1988 年间，我国累计发生井喷失控井 230 口，其中井喷失控后又着火的井 78 口，占井喷失控井的 34%，因井喷失控着火和井喷后地层塌陷损坏钻机 59 台。尤其是罗家 16H 井，因喷出大量硫化氢气体造成附近居民大量伤亡和转移，在社会上造成了严重影响。

综观各油气田井喷失控的实例，分析井喷失控的直接原因，大致可将井喷失控原因归纳为以下几个方面。

7.1.1.1 地质设计与工程设计缺陷

（1）地质设计缺陷：

① 地质设计未提供 3 个压力剖面，特别是准确的地层压力资料。

② 地质设计未提供施工井周边注水井的压力、注水量等资料。

③ 地质设计未提示施工井所在区块（地区）浅气层和过去所钻井发生井喷事故的资料。

④ 地质设计未提供施工井周边的情况，如居民、道路、河流等资料。

（2）工程设计缺陷：

① 井身结构设计不合理。表层套管下入深度不够，当钻遇异常压力地层关井时，表层套管鞋处憋漏，钻井液窜至地表，无法实施有效关井；有的井设计不

下技术套管，长裸眼钻进，同一裸眼段同时存在漏、喷层，更增加了井控工作的难度。

② 钻井液密度设计不合适。

③ 防喷装置设计不合适。防喷装置的压力等级与地层压力不匹配；深井、高压井、高含硫等复杂井未配备环形防喷器、单闸板防喷器和双闸板防喷器，以及剪切闸板；储能器的控制能力与井口防喷器不匹配；内防喷工具、井控管汇、辅助井控装备的选择与安装不符合要求等。

④ 加重料储备及加重能力不能满足井控要求。

⑤ 井控技术措施针对性、可操作性差。

7.1.1.2　井控装置安装、使用及维护不符合要求

（1）井口不安装防喷器。

井口不安装防喷器主要是认识上的片面性，一是认为地层压力系数低，不会发生井喷，不用安装防喷器；二是井控装备配套数量不足，现有的防喷器只能保证重点探井和特殊工艺井的使用；三是认为几百米的浅井几天就能打完，不用安装防喷器；四是前 3 种情况的存在，加之实行单井大承包后，片面追求节省钻井成本，希望尽量少地投入钻井设备，少占用设备折旧。

（2）井控设备的安装及试压不符合《石油与天然气钻井井控技术规定》的要求。

① 内控管线不使用专用管线并且未采用标准法兰连接，而是部分采用现场焊接。

② 连接管线的尺寸、壁厚、钢级不合要求；弯头不是专用的铸钢件，弯头小于 120°。

③ 放喷管线未用基墩固定，或固定间隔太远，或放喷管线没有接出井场，管线长度不够。

④ 防喷器、节流管汇及各部件、液控管线等没有按规定的标准进行试压，各部件的阀门出现问题，有的打不开，有的关不上，有的刺漏。

⑤ 防喷器未安装手动操纵杆；未安装专用钻井液灌注管线而是把压井管线当作灌钻井液管线使用，或井口安装不水平，关井时闸板关不严，造成刺漏。

⑥ 深井阶段，关井时先将吊卡坐在转盘，后关井，使得钻具不能居中，闸板关不严，造成刺漏。

⑦ 防喷器橡胶件老化，不能承受额定压力；控制系统储能器至防喷器的液压油管线安装不规范、未试压，漏油等。

⑧ 控制系统摆放位置不符合要求或未按要求进行试压。

⑨ 不按要求安装除气器、液气分离器。液气分离器排气管线内径不符合要

求，不是法兰连接。

⑩ 钻井液回收管线现场焊接、固定不牢靠、弯角过多等。

（3）井口套管接箍上面的双公短节螺纹不符合要求，不试压。

（4）钻具内防喷工具未安装或失效。

① 钻进过程中发生井喷，钻具内防喷工具不能有效关闭并实现密封，或由于钻井液的冲蚀引起密封失效，导致钻具内失控。

② 起下钻过程中发生井喷，来不及安装旋塞阀等内防喷工具；或因井内流体从钻具水眼高速喷出，导致旋塞阀不能正常关闭。

当内防喷工具无法安装或无法关闭时，若防喷器组合中有剪切闸板，可以剪断钻具，全封井口。但这样会显著增加地面控制井喷的难度，甚至失去地面控制的机会，即使成功地控制了井喷，之后也需要花费很多的时间来处理落井钻具。

7.1.1.3 井控技术措施不完善、未落实

（1）对浅气层的危害性缺乏足够的认识，无针对性的技术措施或未落实相关措施。例如，不求取表层套管鞋处的地层破裂压力；不作低泵冲试验；钻完浅气层不求上窜速度；循环时无人观察井口返出量、油气显示情况；不及时调整钻井液密度；发现异常情况后不关井，反复检查判断是否溢流；节流放喷时井口压力过高，大于地层破裂压力；压井液密度过高等。

（2）未采取措施预防抽汲压力。例如，原地大幅度反复活动钻具；开泵循环时未观察油气显示、返出量；未关井直接循环观察；钻头泥包未解除的情况下强行起钻。

（3）起钻不灌钻井液或没有及时灌满。

（4）空井时间过长，又无人观察井口。空井时间过长一般都是由于起完钻后修理设备或是等采取技术措施。由于长时间不循环钻井液，造成气体有足够的时间向上滑脱运移。当气体运移到井口时迅速膨胀，引发井喷，往往造成井喷失控。

（5）相邻注水井不停注或未减压。在注水开发区，由于油田经过多年的注水开发，地层压力已不是原始的地层压力，尤其是遇到高压封闭区块，其压力往往大大高于原始的地层压力。如果不按要求停掉相邻的注水井，或是已停注但未泄压，很容易引发井侵、井涌，甚至井喷。

（6）钻井液中混油过量或混油不均匀，造成井内液柱压力低于地层孔隙压力。这种情况多发生在深井、水平井，由于钻井工艺的需要，往往要在钻井液中混入一定比例的原油。在混油过程中，混油不均匀或是总量过多，都会造成井筒压力失去平衡；发生卡钻后，由于需要泡原油、柴油、煤油解卡，从而会破坏井筒内的压力平衡，此时如果不注意二次井控，常常会造成井涌、井喷，酿成更重

大的事故。

（7）钻遇漏失层段发生井漏未能及时处理或处理措施不当。发生井漏以后，要及时堵漏提高井眼承压能力，否则，会导致钻井液液柱压力降低，当液柱压力低于油气层孔隙压力时就会发生井侵、溢流乃至井喷。

7.1.1.4　未及时关井，关井后复杂情况处置失误

（1）未能及时准确地发现溢流。

（2）未能及时关井。未能及时关井的原因包括：

① 发现溢流后想进一步观察溢流速度或溢流性质；

② 担心发生卡钻，抢起钻具至套管鞋或安全井段；

③ 担心压井困难，抢下钻具；

④ 反复核实溢流的真伪；

⑤ 与相关方无事前明确规定，现场协商决断难，延误时间；

⑥ 分工不合理，操作不熟练；

⑦ 井控装置出现故障；

⑧ 错误认为可以边循环边加重等。

（3）未及时组织压井，井口压力过高导致井口失控或地下井喷，或因硫化氢腐蚀引起钻具断裂导致井口失控。

（4）压井方法选择不当，排除溢流措施不当。

7.1.1.5　思想麻痹，存在侥幸心理，作业过程中违章操作

由于思想上不重视井控工作，未严格执行设计，或在一些大型施工前未制订详细的井控措施，或措施不当，针对性不强，从而导致的井喷失控也占有一定的比例。因此，要从严格管理、技术培训和规范岗位操作等方面入手，做好基础工作。

7.1.2　井喷失控造成的危害

井喷失控是损失巨大的灾难性事故，常造成机毁人亡，还会造成恶劣的社会影响。井喷失控的危害是多方面的。

（1）损坏设备。如某油田的喇 83 井、杏 5 井都因井喷失控将整套设备陷入地下；某气田从 1957 年到 1981 年发生井喷着火 31 井次、烧毁钻机 18 台；全国从 1950 年至 1997 年，发生井喷失控井 319 口，失控后着火井 78 口，因井喷失控着火烧毁钻机以及因井喷地层塌陷埋掉钻机共 59 台，损失惨重。

（2）死伤人员。这类事故在四川、华北、胜利、中原等各个油田都发生过。仅四川某钻井队在 1966 年的一次井喷事故中就死亡 6 人；2003 年 12 月 23 日重庆开县罗家 16H 井天然气（含硫化氢）井喷，死 243 人，中毒住院 2142 人，紧

急疏散 65000 人，直接经济损失 6432 万元（人民币），教训非常惨痛。

（3）浪费油气资源。无法控制的井喷，不仅喷出了大量的油气，而且油气藏能量的损失也难以估算，可以说是对油气藏的灾难性破坏。仅统计四川气田合 4 井等 8 口井，因井喷放空的天然气达 $6.98×10^8 m^3$，是储量的 11%，损失惊人。

（4）污染环境。喷出的油气随风飘扬，对周围环境造成严重的污染。若喷出物含有剧毒硫化氢气体，对环境的污染不可估量，且将造成极坏的社会影响。

（5）污染油气层。据四川石油管理局对多口井的统计资料分析，凡是钻井液喷空后压井或反复测试后压井，都会对产层造成严重伤害，其产量将下降 30%~50%，甚至只有酸化后才有产量。

（6）报废井。井喷到无法控制的时候，不得不把井眼报废。如新疆柯克亚地区的几口高产深井、胜利油田的罗 5 井、新罗 5 井均因井喷失控而报废。

（7）造成巨大的经济损失。除上述 5 项都和资金有关的因素外，在处理井喷事故时，如灭火、压井、钻救援井等都需要投入大量的人力、物力、财力，还要赔偿因井喷而造成的其他经济损失。

（8）打乱正常的生产秩序。失控井喷特别是井喷着火，往往要惊动整个油气田，甚至地方政府，并需调集各种有效的手段来处理事故，正常生产秩序被打乱。

（9）影响井场周围居民的正常生活，甚至生命安全。

（10）损害企业形象，造成不良的社会影响。

7.2　天然气井井喷失控处理技术

井喷失控有两种情况：一种是地下井喷，即喷漏同层或喷漏同存，按照喷漏并存的压井方法进行压井可解决；第二种是井口装置或井控管汇失去控制，或者根本就没有井控装置或者是地层被压裂天然气流不通过环空而通过套管外喷出，此时根本无法控制溢流或井涌，会造成地面井喷失控。

由于天然气具有密度小、可压缩、易膨胀，在钻井液中易滑脱上升，易燃烧爆炸，难以封闭等物理化学特性，天然气井较油井更易井喷和井喷失控。

天然气井喷失控后的处理方法和总的思路主要是围绕怎样控制井口装置、井控管汇和保护人员、设备来开展工作的。不同的井喷失控虽有各自的特点和复杂性，但基本处理方法都是相同的。

7.2.1　抢险组织的成立及抢险方案的制定

7.2.1.1　严格实行统一指挥

井喷失控的处理是一项复杂而危险的工作，涉及参与抢险的工种和人员较多，不是钻井队仅有的几十个人就可以解决的，需要上级主管领导现场坐镇指挥，成立现场抢险组织，制定抢险方案，统一协调。

抢险组织应分设方案组、资料组、调度组、消防组、安全警卫组、供水组、物质供应组、医疗救护组、生活保障组、现场施工组（如压井作业组等）、抢险突击队、地方协调组等，并明确各专业组的职责。

抢险组织应根据现场掌握的天然气流的喷势大小、井口设备及钻具的损坏程度、结合对地质、钻井资料的综合分析，制定出有效的抢险方案，充分调集抢险人员、抢险物质、抢险设备，统一指挥，全力投入，果断处理。

7.2.1.2　划定安全警戒区

一旦井喷失控，在井场周围设置必要的观测点，定时取样测定天然气喷流的组分、H_2S 含量等数据，并立即根据天然气的喷势、风向，以井口为中心，以危险距离为半径将若干地区划为安全警戒区。如果天然气喷流中含有 H_2S，凡其波及区均须划为安全警戒区，并严格警戒。井场要设专职安全指挥人员，指挥抢险人员和设备的运作，未经允许，任何人不得进入警戒区。

在划定的安全警戒区内，任何人（包括当地居民）严禁动用明火，以防引起天然气喷流着火或爆炸而损毁设备，伤及人员，给井喷失控的处理带来更大的困难。

及时与当地政府联系，疏散人员，若天然气喷流中含有 H_2S，人畜均要疏散。凡井场能拖走的设备如油罐、井场房、钻具、氧气瓶等一律拖离危险区，以免引起油罐、高压气瓶的爆炸，同时可为抢险设备、人员清除障碍并提供场地；凡在井场工作的设备如拖拉机、水泥车、消防车、吊车、卡车等一律位于上风方向，不许进入下风方向。

7.2.1.3　保护井口

井口是控制井喷的关键所在，要千方百计保护原有的井口，即使部分损坏也要保护好未损坏的部分，以便在安装新井口装置时有"扎根"的条件。保护井口应做好：

（1）若管内井喷失控，除采取一般的防火措施外，还应经钻井四通向井内注水，并向井口装置及其周围浇水，达到润湿喷流、清除火星的目的，为此应准备充足的水源和供水设备；

（2）清理井口周围障碍物及拆除已损坏的旧井口时，不能损坏准备要利用的那部分井口。

7.2.1.4　防止着火

井喷失控一旦着火，会在非常短的时间内造成机毁人亡，使事故的处理变得更为困难。因此，对井喷失控的井应尽一切努力防止着火，防止的办法主要是：（1）加强消防警戒，实行严格的用火用电管理，保证危险区内无火星产生；（2）连续向井口内外强行注水冷却。

7.2.1.5　井口周围障碍物的处理

无论着火与否，为了保护井口和充分暴露井口，都要清除井口周围和抢险通道上的障碍物。

未着火的井，要考虑方便着火后的处理，将钻台和井口周围一切与下一步作业无关的设备、工具（如不需要的转盘、大梁、喇叭口、钻具、卡瓦等）清除干净。未着火的失控井在清除设备时要防止产生火星或火花，清除时要大量喷水，同时要使用铜制工具（如铜大锤、铜撬杠等）。凡含有有毒气体的未着火的井要注意防毒，避免人员伤亡；若有毒气体含量很高，毒性很强，且在短时间内不能有效控制时可考虑点火以减小产生的恶果。

着火以后，被烧毁的井架、钻机提升系统和立在钻台上的钻具等废物会把井口罩住，使得火焰乱窜。为了暴露、保护井口，给灭火和换装井口创造有利条件，在灭火之前必须带火切割，尽量清除掉井口的障碍物。带火切割清除障碍物，应根据井场的地理条件、风向，用消防水枪喷射水雾将火压向某一方向，本着"先易后难、先近后远、先外后内、分段切割、逐步推进"的原则，用氧炔焰切割、纯氧切割、水力喷砂切割等手段，边割边拖，逐步清除。

7.2.1.6　压井措施

天然气从钻具水眼内喷出而环空不喷，或环空已经得到控制时：

（1）立即停机停电，防止着火。

（2）用拖拉机拉大绳接带下旋塞的方钻杆，并且把地面高压管线的出口或放空阀打开，以减小对扣时的天然气喷流冲击力。对中稳定方钻杆时，可用四根绳索，一头固定在方钻杆上，一头缠绕井架四角上，拉紧或放松，使方钻杆与井口钻杆接头对中，上好扣。

（3）关闭方钻杆下旋塞，然后关闭地面高压管线的出口或放空阀，再打开方钻杆下旋塞。此时失控井喷已经得到控制，可按照正常方法实施压井。

钻杆内外都喷，但套管外不喷时：

（1）若表层套管下得很浅，且无井控设备，应立即停机停电，防止着火。用拖拉机拖接方钻杆，用边循环边加重法压井，或者准备足够的高密度或超高密度钻井液后一次性大排量泵入压井。高密度或超高密度钻井液至少要比原钻井液密度高 $0.30g/cm^3$ 以上，以制服井喷为主，即使压漏地层也在所不惜。

（2）若表层套管较深，或者已下技术套管，但未装井控装备或井控装备已经失灵，应立即停机停电，防止着火。然后用拖拉机拖大绳接方钻杆，方钻杆接下旋塞，下旋塞下接一短钻杆，短钻杆上带堵塞器，堵塞器外径和钻井四通内径或套管内径相同，当方钻杆与井口钻具接好后，若钻头不在井底，可下放钻具，同时打开钻井四通两侧放喷管线，当堵塞器到达钻井四通位置或进入套管时即可制止向上的喷流，做到有控制地放喷，然后准备条件压井。若钻头在井底，可用拖拉机拖大绳先起出一根钻杆，然后再用以上办法压井。

（3）若井口钻具已经被喷流刺坏，可用拖拉机拖大绳先起出刺坏的钻杆，然后接方钻杆压井。

套管外发生井喷时：

（1）立即停机停电，防止着火。

（2）立即组织水泥车从上风方向通过钻杆向井内注超高密度钻井液。

（3）如地表疏松有可能发生地陷，应派专人监视井口周围及井架情况，禁止人员和设备进入危险区工作。

（4）尽快拖走可以拖动的设备和钻具，但拖拉机不得进入天然气活动区内，以免着火。

（5）若注高密度钻井液不能制服井喷，可注水泥浆，争取封死天然气通道。

（6）等待自然停喷，在地层比较疏松且裸眼井段较长的情况下，井喷若干小时后，由于环空压力下降，地层坍塌，堵死环空，会自然停喷。

（7）若不能自然停喷，可在危险区范围以外的上风方向钻定向救援井至事故井喷层的位置，采用压裂方式压通或定向爆炸方式（两井距离较近的情况下）炸通，然后用高密度钻井液压井。

7.2.2　灭火方法

井喷失控着火，可根据着火情况采用以下方法扑灭不同程度的天然气井火灾。

7.2.2.1　密集水流灭火法

当空气中水蒸气含量达到 35% 时，即可有效阻止天然气的燃烧；1kg 水汽化时能吸收 2255.2kJ 热量，还能阻挡外部空气进入燃烧区和减少空气中氧的含量，大量注水和喷射水可同时产生以上效果而把火灭掉。

密集水流灭火法即用足够的排量，对井口内外强行注水，同时向井口上面密集喷水，在集中燃烧的火焰最下部形成一层完整的水层，并逐步向上移动水层，把火焰往上推，将井内喷出的天然气流与火焰切断，达到灭火的目的。但仅靠密集水流灭火法，其灭火能力较小，其仅适用于小喷量、喷流较集中向上的井。

密集水流灭火法不仅可以独自作为一种灭火方法，而且是其他灭火法的基础，在采用其他灭火法时，还必须同时辅以密集水流才能将天然气井的着火扑灭。

水灭火的注意事项如下：

（1）在灭火时要不间断地喷射，所以要准备足够的水量。不可把水射流直接喷射到火源中心，而应从火源外围逐渐向火源中心喷射。当水量不足时，水射流直接喷射到火源中心，水蒸气在高温作用下可分解成氢和一氧化碳，有可能产生爆炸性混合气体而发生爆炸危险。

（2）要有瓦斯检查员在现场随时检查沼气含量。

（3）水能导电，不能用来直接扑灭电气火灾。

（4）油类火灾若用水灭火，只能使用雾状的细水，这样才能产生一层水蒸气笼罩在燃烧物的表面上，使燃烧物与空气隔离。若用水射流灭火会使燃烧的液体飞溅，又因油比水轻，可漂浮在水面上，易扩大火灾的面积。

（5）保证正常风流，以便火烟和水蒸气能顺利地排到回风流中。

（6）灭火人员应站在进风侧，不准站在回风侧，因为回风侧温度高，受火烟侵害，易发生冒顶伤人。同时空气中含氧量可能不足，由于水蒸气过多，通风受到影响。

7.2.2.2　突然改变喷流方向灭火法

突然改变喷流方向灭火法是在采用密集水流灭火法的同时，突然改变喷流的方向，使喷流和火焰瞬时中断实现灭火。改变喷流方向可借助特制的遮挡工具或被拆掉的设备（如转盘等）来实现。突然改变喷流方向灭火法的灭火能力也有限，只适用于中等以下喷量、喷流集中于某一方向的失控井。

7.2.2.3　快速灭火剂综合灭火法

快速灭火剂综合灭火法是将液体灭火剂通过钻井四通注入井内使之与天然气流混合，同时向井口装置喷洒干粉灭火剂包围火焰，在内外灭火剂的综合作用下达到灭火的目的。国内油气田常用且对天然气井着火行之有效的液体灭火剂主要有"1211"（二氟一氯一溴甲烷 CF_2ClBr）和"1202"（又叫"红卫912"，二氟二溴甲烷 CF_2Br_2）。上述两种液体灭火剂与天然气反应时，可变可燃气体为不可燃气体，且兼有降温、隔氧作用，是一种快速灭火剂，"1211"灭火速度一般在10s之内，"1202"在可燃气体中的含量达4.5%时即可达到抑爆峰值。

"1211"灭火剂用量可用以下经验公式计算：

$$W = K_1 K_2 (1+B) GT$$

式中　W——"1211"灭火剂用量，kg；

　　　　K_1——灭火难易系数，主要考虑火焰是否集中，施工配合误差大小，一般取3~5；

　　　　K_2——H_2S含量系数，其体积含量为8%时取1.08，低含硫的天然气可取1；

　　　　B——灭火系统漏损系数，一般取 0.05；

　　　　G——临界灭火强度，kg/s；

　　　　T——灭火剂喷射时间，s。

　　经现场试验和数字分析，临界灭火强度 *G* 可用近似公式计算：

$$G = 0.017Q^{1.13}$$

式中　*Q*——天然气喷量，$10^4 \text{m}^3/\text{d}$。

　　1211 手提式灭火器使用方法：使用时，应手提灭火器的提把或肩扛灭火器将其带到火场。在距燃烧处 5m 左右，放下灭火器，先拔出保险销，一手握住开启把，另一手握在喷射软管前端的喷嘴处。如灭火器无喷射软管，可一手握住开启压把，另一手扶住灭火器底部的底圈部分。

　　先将喷嘴对准燃烧处，用力握紧开启压把，使灭火器喷射。当被扑救可燃烧液体呈流淌状燃烧时，使用者应对准火焰根部由近而远并左右扫射，向前快速推进，直至火焰全部扑灭。如果可燃液体在容器中燃烧，应对准火焰左右晃动扫射，当火焰被赶出容器时，喷射流跟着火焰扫射，直至把火焰全部扑灭。

　　但应注意不能将喷流直接喷射在燃烧液面上，防止灭火剂的冲力将可燃液体冲出容器而扩大火势，造成灭火困难。如果扑救可燃性固体物质的初起火灾时，则将喷流对准燃烧最猛烈处喷射，当火焰被扑灭后，应及时采取措施，不让其复燃。1211 灭火器使用时不能颠倒，也不能横卧，否则灭火剂不会喷出。

　　另外在室外使用时，应选择在上风方向喷射；在窄小的室内灭火时，灭火后操作者应迅速撤离，因 1211 灭火剂也有一定的毒性，以防对人体造成伤害。

　　推车式 1211 灭火器使用方法：灭火时一般有 2 个操作，先将灭火器推或拉到火场，在距燃烧处 10m 左右停下，一人快速放开喷射软管，紧握喷枪，对准燃烧处；另一个则快速打开灭火器阀门。推车式灭火电器的灭火方法和维护要求均与手提式 1211 灭火器相同。

　　在液体灭火剂通过钻井四通注入井内使之与天然气流混合的同时，须向井口装置喷洒干粉灭火剂包围火焰，使之与液体灭火剂在协同作用下实现"内外夹攻"，达到灭火的目的。干粉灭火剂是两种细微的、具有自由流动能力的固体粉末。灭火时，干粉灭火剂通过干粉炮车喷射干粉粉末，干粉粉末与火焰接触，达到灭火目的。在采用液体灭火剂和干粉灭火剂"内外夹攻"的同时，配合密集水流灭火法，使井口装置和其他设备、构件充分冷却，全面降温至滴水的程度。为了防止死灰复燃，灭火后仍然需要继续向井内注水和井口装置外部及周围设备、构件喷水。

7.2.2.4　空中爆炸灭火法

　　空中爆炸灭火法是将炸药放在火焰下面，利用爆炸产生的冲击波，在将天然气喷流下压的同时，又把火焰往上推，造成天然气喷流与火焰瞬时切断，同时爆炸产生的 CO_2 等废气又起到隔绝空气的作用，造成瞬时缺氧而使火焰窒息熄灭。

爆炸时，既要灭火又不能损坏井口，所以应严格控制爆炸规模，同时选用撞击时不易爆炸、遇水不失效、高温下不易爆炸且引燃容易的炸药，如 TNT 炸药。

实例：我国第一口成功采用空中爆炸法扑灭油气井大火的是四川巴9井，巴9井于1956年10月14日开钻，1957年2月2日，在井深1100.27m因井漏起钻，未向井内灌钻井液，发生强烈井喷。井内216m钻具全部冲出，与井架碰撞着火，焰高达120m。由于当时井口完好，决定在上封井器上安装一阀门关井灭火。但因井口温度太高，多次安装均未成功，决定打救援井灭火，救援井于1957年4月7日开钻。1957年4月，采用空中爆炸灭火。在井口周围喷水降温掩护的条件下，采用100kg炸药爆炸未成功。1957年4月21日，用200kg炸药在井口上空5m处爆炸，将大火扑灭，井口未受损失。

7.2.2.5　罩式综合灭火法

罩式综合灭火法就是在着火的井口上罩上一个钢制罩子，以阻断氧源，达到灭火的目的。在灭火时，在运用密集水流灭火法的同时，将一个10mm以上钢板制成的顶带喷管阀门并连接了10m长的侧喷管的罩子（罩口比井口直径大1m）罩套在着火的井口上，先用含水的沙子密封罩圈，切断氧源，迫使火焰燃点向上喷管转移，然后向四周喷水降低温度后，再通过左右两侧喷管注入快速凝固的水泥，使罩式装置固结在井口上，关闭上喷管阀，火焰即可熄灭，同时井喷也得到控制。

实例：四川合4井，1974年4月4日，合4井钻至井深2886m放空，井涌，在关井放喷中，上下防喷器胶芯先后刺坏，憋爆，造成井喷失控。1974年4月5日，井口喷势增大，喷高达70~80m。1974年4月6日开始，发现井场在长450m、宽350m范围内，5个区域地面大量冒气，观察了解到放喷管线压力1.4MPa，最高1.84MPa。估计喷气量在 $500×10^4 m^3/d$ 以上。1974年4月13日因雷击闪电着火，主火柱焰高60~70m，火焰飘高80~90m。1974年5月6日，用罩式综合灭火法灭火，采用消防水泵设施、钻井液枪、干粉炮车泵注干粉、"红卫912"，同时实施灭火，一举将大火扑灭

7.2.2.6　钻救援井灭火法

钻救援井灭火法是指在失控着火井附近钻一口或多口定向井与失控着火井连通，然后泵入压井液，压井、灭火同时完成。

理想的救援井应在井喷层段与喷井相交，这需要精确的定向控制技术。一般来说，救援井与喷井总是立体相交而隔有一段距离，但可借助救援井的水平射孔技术、压裂技术或井下爆炸等方法使之连通。救援井压井的目的是制止与其连通

的失控着火井天然气喷流继续喷出，压井时还须考虑救援井井口装置、套管和地面的承受能力。

实例：1985 年 6 月 20 日，南 2 井钻至井深 2981m，因井漏，在处理中发生强烈井喷，1985 年 6 月 22 日，天然气爆炸着火。因该井井口装置过于简化，在当时技术条件下，井口难于采取措施，决定在附近钻南 2-1 救援井，扑灭南 2 井大火。1985 年 11 月 15 日，南 2-1 井钻至井深 3020.90m 发生严重井漏，同时南 2 井井口大坑液面也发生了变化，标志着南 2-1 井与南 2 井已在地下连通，达到了定向中靶的目的。通过南 2-1 井对南 2 井进行的封堵，于 1986 年 9 月 6 日使井喷失控着火达 443d 的南 2 井从根本上得到了控制。

7.2.3　井口处理

7.2.3.1　设计新的井口装置组合

要重新控制井喷，就必须针对井喷失控的特点和控制后的作业，周密设计新的井口装置组合。设计新的井口装置组合的原则如下：

（1）应在天然气井敞喷的情况下安装。为此，新的井口装置通径应不小于原井口装置通径。新旧井口之间的密封钢圈应加工成特殊钢圈，并用埋头螺栓事先固定在法兰上，以防被天然气流冲掉。

（2）为保证井口的承压能力，原井口装置各组成部分，能利用的要尽可能利用，不能利用的必须拆除。

（3）低回压放喷。失控后，特别是着火后可利用的原井口装置的承压能力已有所降低，故应采取低回压放喷措施。放喷管线通径一般不低于 102mm。

（4）应兼顾控制后的作业。在优先考虑安全可靠的控制井喷的同时，应考虑控制后能进行井口倒换和可能进行不压井起下管串、压井、井下事故处理等作业。

（5）对于空井失控井，新井口最上面一般都要安装一个操作简单方便、开关可靠的大通径的阀门。在天然气流敞喷的情况下，先用它关井可避免直接用闸板防喷器关井时闸板防喷器芯子的橡胶密封件被高压天然气流冲坏。

（6）新井口装置高度要适当，以便整体吊装和下一步作业。

（7）新井口装置所需配件、工具等应配备充足，并安排专人负责保管，以免抢换井口时延误作业。

7.2.3.2　拆除坏井口

在清除障碍物和灭火工作完成后，即着手拆除已损坏的旧井口（部分或全部），抢换新的井口装置组合，为征服井喷创造条件，这也是关系到抢险工作成败的关键。由于拆除坏井口是在震耳欲聋的高压天然气流啸叫声下和数十只高压水枪密集喷水的工况下，人员相互配合联系极其困难，条件极为艰险恶劣，因此，拆除坏井口时应注意：

（1）组织精干灵活的抢险突击队员（包括吊车司机、拖拉机手等），在十分明确分工的前提下，反复进行战前演习，达到配合操作非常熟练的程度，以便在井口作业时配合默契。

（2）旧井口凡是已经损坏不能利用的部分必须全部拆除，不能留下隐患。

（3）为防止卸松连接处时高压天然气流乱刺而无法工作，或天然气流冲掉连接部件时造成抢险突击队员伤亡，应用一套绳系加压系统，将连接处加压固牢。

（4）在拆卸坏井口时采用铜制工具，避免产生火星，坚决杜绝井口重新着火。在拆卸时要精心操作，做到既稳又准，不发生碰幢，不随意敲击。

（5）所有参战的吊车、拖拉机及其他进入警戒区的机动车辆等的排气管必须加防火罩，并指定专人连续喷水冷却。

7.2.3.3　抢装新的井口装置组合

抢装新的井口装置组合是抢险施工中的关键环节。为了保证抢装成功，必须尽量减少天然气流对新井口装置的冲击；尽可能远距离操作或尽量减少井口周围的作业人员数量，缩短抢装作业时间；消除一切着火的可能性；一切措施和参与抢装的设备、工具都要经过严格试验。抢装新的井口装置组合主要采用整体吊装法或分件扣装法。

（1）整体吊装法。

整体吊装法如图 7-1 所示。在实施整体吊装法时，为了减小天然气流对新井口冲击造成的摆动，吊装前先将新井口通孔全部打开，采用长臂吊车平稳起吊并调整平衡，缓慢将井口吊至井口上空适当高度（4~7m），采用绷绳从 4 个方向拉紧扶正，使新井口中心正对主气流中心。然后根据实际情况从 2 个方向或 4 个方向用绞车钢丝绳在吊车司机的密切配合下加压，缓慢下放，将新井口坐于原井口法兰盘上，抢险突击队员立即进入井口周围，紧固螺栓，接液控管线，完成新井口装置的抢装。

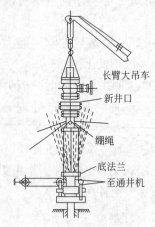

图 7-1　整体吊装新井口

在使用长臂吊车拆除坏井口、抢装新井口时，应把吊车的排气管加长并插入水中，且经常浇水冷却。

（2）分件扣装法。

分件扣装法如图7-2所示。在井口天然气流喷量及压力较小的情况下，可以采取扣装的办法，将1个大阀门扣装在井口法兰上。首先把闸板全部打开，并避开井口天然气流，在阀门与井口法兰之间连接好一个铰链，然后用绳系拉动阀门，使其翻转90°，扣装在井口上，突击队员立即进入，穿好并紧固好所有螺栓后，关闭阀门，即可控制井喷。

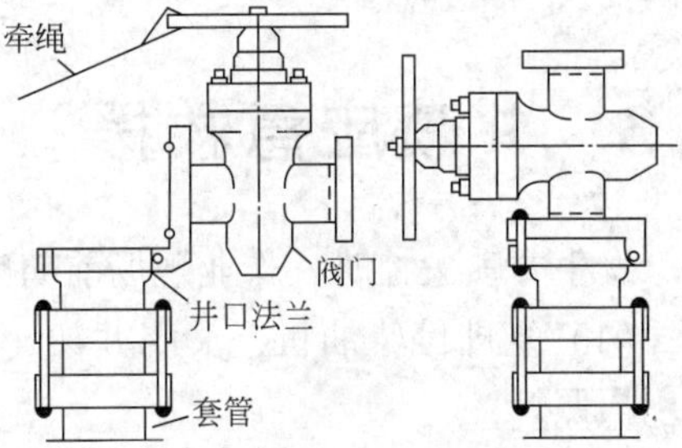

（3）转装法。

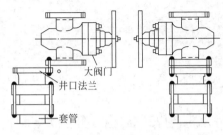

图 7-2　分件扣装井口

图 7-3　转装井口

转装法如图7-3所示。在井口天然气流喷量及压力较小的情况下，也可以采取转装法，即把大阀门的闸板全部打开，与井口错位（避开天然气流），先连接好阀门法兰和井口法兰间的1个螺栓，然后在阀门手轮上绑上油管，人力将其旋转180°，即可使阀门中心正对主气流中心，让天然气流经阀门中孔上喷，此时突击队员立即进入，穿好并紧固好所有螺栓后，关闭阀门，达到控制井口的目的。

7.2.3.4　压井

新井口抢装成功，使失去控制的井喷变成了有控制的放喷，给下一步处理创造了条件。若井内有管柱且钻具或油管未被损坏，可按正常方法压井；但是井喷失控除井口装置、井口管汇损坏外，多数情况下钻具或油管被天然气流冲出井筒或断落掉入井内，或钻具在井口严重损坏或变形。新的井口装置组合抢装好后，一般都要进行不压井强行下管柱或打捞作业，然后是压井或不压井完井。压井时应特别注意以下问题：

（1）井喷失控井在经过较长时间的井喷后，地层能量亏损较大，因此在选择钻井液密度时要特别谨慎，密度低了压不住，密度高了又容易将地层压漏，因此应考虑"压堵兼施"的方案，原则上地层压力系数附加 $0.07 \sim 0.15 \mathrm{g/cm^3}$ 为宜，并在压井液中加入一定量的封堵材料。

（2）压井排量根据天然气流喷量大小、钻具及井眼尺寸确定，一般要求在 $1 \sim 4 \mathrm{m^3/min}$，要使形成液柱压力的速度稍大于气层压力恢复速度为宜。

（3）准备性能符合要求且体积为井筒容积 $2 \sim 3$ 倍的压井液，以满足压井施工的需要。

7.3 井喷应急救援

发生井喷失控时，作业现场前期应急行动要执行以下临时处置原则：

（1）立即停柴油机，关闭井架、钻台、机泵房等处照明，灭绝火种，打开专用探照灯；

（2）立即撤出现场人员，疏散无关人员，最大限度地减少人员伤亡；

（3）分析现场情况，及时界定危险范围，组织抢险，控制事态蔓延；

（4）按应急程序上报，保持通信畅通，随时上报井喷事故险情动态，并调集救助力量，对受伤人员实施紧急抢救。

7.3.1 不同险情下的汇报程序

（1）发生油气侵后由钻井队按《钻井队井控应急预案》进行处理，并随时汇报处置情况。

（2）发生溢流后钻井队立即汇报到钻井承包商应急办公室，由钻井承包商立即汇报到油田公司项目组，项目组根据处置情况在24h内上报油田公司应急办公室。

（3）发生井涌、井喷后立即汇报到钻井承包商和油田公司项目组，钻井承包商和油田公司项目组在接到汇报后立即汇报到油田公司应急办公室，并随时汇报处置情况，在24h之内上报集团公司应急办公室。

（4）发生井喷失控、井喷失控着火后立即汇报到钻井承包商、油田公司应急办公室，并在2h之内上报集团公司应急办公室。

7.3.2 井喷事故应急处置程序

（1）一旦发生井喷事故，应及时上报上级主管部门，事故单位应急办公室接到井喷事故报告后，应立即通知本单位应急领导小组成员及其他抢险人员赶赴事故现场，组织抢险。

（2）井喷事故现场要有消防车、救护车、医护人员和技术安全人员在井场值班。

（3）井喷险情控制后，应对井场各岗位和可能积聚硫化氢等有毒有害气体的地方进行浓度检测。待硫化氢等有毒有害气体浓度降至安全临界浓度时，人员方能进入。

（4）关井以后，钻井队现场需要放喷、点火时，在确保人员安全的前提下，在放喷口上风方向实施点火。

7.3.3　井喷失控后的处置程序

（1）井喷失控后，立即启动油田公司《重大井喷事故应急救援预案》。

（2）严防着火。井喷失控后钻井队应立即停机、停车、停炉，关闭井架、钻台、机泵房等处全部照明灯和电器设备，必要时打开专用防爆探照灯；熄灭火源，组织设立警戒和警戒区；将氧气瓶、油罐等易燃易爆物品撤离危险区；迅速做好储水、供水工作，放喷管线全开分流，并尽快由注水管线向井口注水防火或用消防水枪向油气喷流和井口周围设备大量喷水降温，保护井口装置，防止着火或事故进一步恶化。

（3）井喷失控后应立即向上级主管单位或部门汇报，迅速制定抢险方案，统一领导，由 1 人负责现场施工指挥，技术、抢险、供水、治安、生活供应、物资器材供应、医务等分头开展工作。并立即指派专人向当地政府报告，协助当地政府做好井口 500m 范围内居民的疏散工作。在相关部门未赶到现场之前，由钻井队井控领导小组组织开展工作。抢险方案要经上级主管部门批准后执行。

（4）由安全环保监管部门负责测定井口周围及附近天然气和 H_2S 等有毒有害气体含量，划分安全区域，用醒目标志提示。在非安全区域的工作人员必须佩戴正压式呼吸器。

（5）消除井口周围及通道上的障碍物，充分暴露井口。未着火井清障时可用水力切割严防着火，已着火井要带火清障。同时准备好新的井口装置、专用设备及器材。

（6）井喷失控着火后，根据火势情况可分别采用密集水流法、大排量高速气流喷射法、引火筒法、快速灭火剂综合灭火法、空中爆炸法以及打救援井等方案灭火。

（7）井喷失控的井场内处理施工应尽量不在夜间和雷雨天进行，以免发生抢险人员人身事故，以及因操作失误而使处理工作复杂化；防止对河流、湖泊等环境的污染。施工时，不应在现场进行干扰施工的其他作业。

（8）在处理井喷失控过程中，必须做好人身安全防护工作，应根据需要配备护目镜、阻燃镜、阻燃服、防尘口罩、防辐射安全帽、手套、防毒面具、正压式呼吸器等防护用品，避免烧伤、中毒、噪声等伤害。

（9）发生井喷事故，尤其井喷失控事故处理中的抢险方案制订及实施，要同时考虑环境保护，并同时实施，防止出现次生环境事故。

（10）井口装置和井控管汇完好条件下井喷失控的处理：

① 检查防喷器及井控管汇的密封和固定情况，确定井口装置的最高承压值。

② 检查方钻杆上、下旋塞阀的密封情况。

③ 井内有钻具时，要采取防止钻具上顶的措施。

④ 按规定和指令动用机动设备、发电机及电焊、气焊；对油罐、氧气瓶、乙炔发生器等易燃易爆物采取安全保护措施。

⑤ 迅速组织力量配制加重钻井液压井，加重钻井液密度根据邻近井地质、测试等资料和油气水喷出总量以及放喷压力等来确定；其准备量应为井筒容积的 2~3 倍。

⑥ 当具备压井条件时，采取相应的压井方法进行压井作业。

⑦ 对具备投产条件的井，经批准可坐钻杆挂以原钻具完钻。

（11）井口装置损坏或其他原因造成复杂情况条件下井喷失控或着火的处理：

① 在失控井的井场和井口周围清除抢险通道时，要清除可能因其歪斜、倒塌而妨碍进行处理工作的障碍物（转盘、转盘大梁、防溢管、钻具、垮塌的井架等），充分暴露并对井口装置进行可能的保护；对于着火井应在灭火前按照先易后难、先外后内、先上后下、逐段切割的原则，采取氧炔焰切割或水力喷砂切割等办法带火清障；清理工作要根据地理条件、风向，在消防水枪喷射水幕的保护下进行；未着火井要严防着火，清障时要大量喷水，应使用铜制工具。

② 采用密集水流法、突然改变喷流方向法、空中爆炸法、液态或固态快速灭火剂综合灭火法以及打救援井等方法扑灭不同程度的油气井大火；密集水流法是其余几种灭火方法须同时采用的基本方法。

（12）含 H_2S、CO 井井喷失控后的处理：

当油气井 H_2S 浓度达到 $150mg/m^3$（100ppm）或 CO 浓度达到 $375mg/m^3$（300ppm）时，在人员生命受到巨大威胁、失控井无希望得到控制的情况下，作为最后手段应按抢险作业程序，制定点火安全措施，对油气井井口实施点火；油气井点火决策人应由生产经营单位代表或其授权的现场总负责人来担任（特殊情况由施工单位自行处置）。并按 SY/T 5087—2005《含硫化氢油气井安全钻井推荐作法》中的要求做好人员撤离和人身安全防护。

（13）井喷失控后，录井、定向、测井等现场所有人员到应急集合点集合，听从统一指挥。

7.4 集团公司井喷失控事故应急预案简介

集团公司井喷失控事故应急预案由八部分组成（见附件）：

（1）总则（包括编制目的、依据、适用范围和工作原则）；

（2）井喷事故分级；

（3）井喷失控事故应急组织机构及职责；

（4）应急报警；

（5）应急响应（包括：分级响应、启动条件、响应程序、应急信息报告、通信、指挥和协调、紧急处置、新闻媒体沟通、信息发布和应急结束）；

（6）应急保障（包括：通信与信息保障、应急支援与装备保障、技术储备与保障、宣传、培训和演习和监督检查）；

（7）附则（包括：预案的管理、发布和解释部门、预案生效时间）；

（8）附件（包括：集团公司井喷失控事故报告信息收集表、集团公司应急通信录、集团公司所属企业应急值班电话表、集团公司井喷失控事故应急救援专家联系表、油气井灭火公司应急资源表、集团公司境外应急工作通信录、集团公司消防区域联防一览表、中国石油海洋石油作业设施基本情况表、集团公司生产作业涉及主要生态环境敏感区分布图、集团公司生产作业涉及主要水域环境敏感目标分布图和集团公司所属境外生产作业区域分布图）。

附件　集团公司井喷失控事故应急预案

1. 总则

（1）编制目的。

为了进一步增强防范和应对石油天然气生产作业过程中井喷失控事故的能力，及时、有序、高效、妥善处理发生的井喷失控事故，保护现场作业人员和作业现场周边群众的生命财产安全，最大限度地减少事故造成的人员伤亡、环境破坏和财产损失，特制定本预案。

（2）编制依据（略）。

（3）适用范围。

本预案适用于中国石油天然气集团公司范围内的陆上、海洋石油天然气的钻井、井下作业和生产过程中的井喷、井喷失控、井喷着火事故的应急救援。

（4）工作原则：

① 以人为本，安全第一。井喷失控事故应急救援工作，应始终把保障人民群众的生命安全和健康放在首位，切实加强应急救援人员的安全防护，最大程度减少事故可能造成的人员伤亡和危害。

② 井控环保，联防联治。井喷失控事故应急救援工作要与保护环境相结合，防止有毒有害气体伤害和井内喷出流体的环境污染，避免发生衍生事故和次生灾害，确保人民群众的生命财产安全。

③ 属地为主，统一指挥，分级管理。井喷失控事故应急救援的组织、协调以发生事故的集团公司所属企业（股份公司地区分公司或子公司）为主，建立现场应急救援指挥领导小组，集团公司和股份公司相关部门及井控专家参与。发生井喷事故的集团公司所属企业是事故应急的第一响应者。按照分级响应的原则，各级单位及时启动相应的应急预案。

④ 企地联动，合理利用地方政府应急救援资源。按照属地管理原则，发生井喷事故的集团公司所属企业应及时与当地政府以及应急救援机构联系，充分利用就近社会救援力量，建立责任明确、反应迅速、指挥有力、措施科学有效的井喷失控应急救援体系。

⑤ 预防为主，常备不懈。集团公司所属企业将日常井控工作和应急救援工作相结合，做好应对井喷失控事故的预案准备、物资准备、技术准备和队伍准备。充分利用现有专业力量，并培养和发挥经过专门培训的兼职应急救援力量的作用。

⑥ 依靠科学，依法规范。依靠科技进步，不断改进和完善应急救援装备、

设施和手段。充分发挥井喷失控应急救援专家的作用，发扬民主，科学决策。依法规范应急救援工作，确保应急预案的科学性、权威性和可操作性。

2. 井喷失控事故应急组织机构

集团公司应急组织机构，由集团公司井喷失控事故应急领导小组、井喷失控事故应急办公室、相关职能部门、信息组、专家组、现场应急指挥部组成。

3. 应急报警

（1）报警。

① 事故单位发生井喷事故后，要在最短时间内向管理（勘探）局和地区分（子）公司汇报，管理（勘探）局和地区分（子）公司接到事故报警后，初步评估确定事故级别为Ⅰ级、Ⅱ级井喷事故时，启动本企业相应应急预案的同时，在 2h 内以快报形式上报集团公司井喷失控事故应急办公室。并将情况通报集团公司工程技术与市场部和股份公司勘探与生产分公司。情况紧急时，发生险情的单位可越级直接向上级单位报告。

股份公司地区分（子）公司应根据法规和当地政府规定，在第一时间立即向属地政府部门报告。

发生Ⅲ级井喷事故时，管理（勘探）局和地区分（子）公司在接到报警后，在启动本单位相关应急预案的同时，24h 内上报集团公司井喷失控事故应急办公室，并将情况通报集团公司工程技术与市场部和股份公司勘探与生产分公司。

② 集团公司井喷失控事故应急办公室接到井喷事故报警，核实情况后，应立即向集团公司井喷失控事故应急领导小组报告。

③ 集团公司井喷失控事故应急办公室接到通报后，应立即了解事故状况，掌握事故动态，密切关注事态发展，作好井喷应急准备。

④ 集团公司所属管理（勘探）局和地区分（子）公司以快报形式将事故状况向集团公司井喷失控事故应急办公室汇报后，要通过后续报告及时反映事态进展，提供进一步的情况和资料，向集团公司井喷失控事故应急办公室汇报事故应急抢险动态。

⑤ 信息报告和电讯联络，应采用有效方式传递信息。发传真和电子邮件时，必须确认对方收到。

⑥ 现场应急指挥部应指定有关部门或人员，负责与集团公司井喷失控事故应急办公室的联系，保证信息报告和指令传达的畅通。

（2）报警内容。

报警应按《集团公司井喷失控事故信息收集表》的格式进行上报。内容包括但不限于以下内容。

① 发生事故单位名称、事故发生时间、设备类型、队号、井号、构造及层

位、井深、地理位置及距离抢险救援可依托地的最短距离；

②井身结构、作业管柱结构、井筒流体密度、作业工况；

③井口装置及管汇情况、现场物资储备情况；

④喷出物情况，有无硫化氢、一氧化碳等有毒气体；

⑤有无人员中毒、伤亡；

⑥井内喷出流体是否会造成附近江河、湖泊、海洋和环境的污染；

⑦周边居民分布情况，道路交通、现场气象状况；

⑧已采取的措施、效果和拟采取的措施；

⑨事故主要经过；

⑩其他救援要求。

（3）报告和应急的记录归档。

①集团公司井喷失控事故应急办公室应建立应急电话记录本和应急工作记录本，对应急全过程进行记录。

②集团公司井喷失控事故应急办公室应记录井喷事故报告信息，保留信息记录以及企业上报的电子邮件或传真原件，并将全部应急活动记录及资料归档。

③井喷失控事故应急领导小组有关会议应保留记录。

4. 应急响应

（1）分级响应。

根据井喷事故分级，按事故等级分级响应。发生本预案任一级别的井喷事故，发生事故的集团公司所属企业都应启动本单位相应的应急预案，并根据油气井所在地的地理环境、气象条件、周边居民分布等情况决定是否通知地方政府，请求支援；井喷事故达到Ⅲ级，本预案进入启动准备状态；发生Ⅰ级、Ⅱ级井喷事故，本预案启动。

（2）启动条件。

符合下列条件之一时，经集团公司井喷失控事故应急领导小组决策，启动本预案。

①发生Ⅰ级、Ⅱ级井喷事故；

②接到集团公司所属企业关于事故救援增援的请求；

③接到国家和省级政府应急联动要求；

④集团公司认为有必要启动。

（3）响应程序。

在本预案进入应急准备状态或启动状态时，集团公司井喷失控事故应急办公室根据井喷失控事故应急领导小组的指示，开展工作。本预案进入启动准备状态时，井喷失控事故应急办公室开始工作。执行以下应急响应程序：

①及时收集和掌握事故发展和现场抢险进展情况，向集团公司井喷失控事

故应急领导小组汇报并落实领导指令；

　　② 通知集团公司井喷失控事故应急领导小组有关成员、有关救援专家、应急救援中心及集团公司相关单位做好准备；

　　③ 组织就近的专家咨询和研讨，向发生井喷事故所属企业提出事故抢险指导意见；

　　④ 提供相关预案、专家、队伍、装备、物资等信息。

　　本预案进入启动状态时，执行以下响应程序：

　　① 及时收集和掌握井喷事故发展和现场抢险进展情况，及时向集团公司井喷失控事故应急领导小组报告；

　　② 组织专家咨询，向事故现场提供抢险方案的建议；

　　③ 与集团公司应急救援中心交流信息，做好救援准备；

　　④ 派遣有关人员和专家赶赴现场指导抢险；

　　⑤ 协调有关单位做好交通、运输、通信、气象、物资、环保等支援工作；

　　⑥ 协调有关单位向事故现场派遣抢险队伍，提供抢险装备和物资等；

　　⑦ 根据事态发展情况和井喷失控事故应急领导小组的指令，通知相关人员赶赴现场进行现场协调指挥。

　　（4）应急信息报告。

　　集团公司井喷失控事故应急办公室接到Ⅰ级、Ⅱ级、Ⅲ级井喷事故报告，及时报告集团公司井喷失控事故应急领导小组。集团公司井喷失控事故应急办公室对于接收到企业的Ⅰ级、Ⅱ级井喷事故信息，经集团公司井喷失控事故应急领导小组组长或副组长审查后，立即向国务院及有关部委汇报。事故灾难中的伤亡、失踪、被困人员有港澳台人员或外国人时，要将具体情况汇报国家安全生产监督管理总局。

　　（5）通信。

　　集团公司井喷失控事故应急办公室接到Ⅰ级、Ⅱ级井喷失控事故通报后，立即建立与事故现场指挥部、集团公司所属企业应急救援指挥机构、有关专家、抢险专业队伍、国家安全生产监督管理总局的通信联系，保证信息畅通。

　　（6）指挥和协调。

　　井喷失控事故应急救援指挥坚持条块结合、属地为主的原则。事故发生后，发生事故的集团公司所属企业，应立即启动相应预案，成立现场应急救援指挥领导小组和事故现场抢险指挥部组织抢救。同时，对于相应级别的井喷事故，要和相关地方人民政府的事故现场应急救援指挥部紧密配合。

　　集团公司井喷失控事故应急预案启动后，井喷失控事故应急领导小组开展事故应急救援的协调指挥。当国家安全生产监督管理总局的相关应急预案启动后，在国家安全生产监督管理总局统一协调指挥下，进行应急救援的组织协调指挥。

（7）紧急处置。

根据事态发展变化情况，事故现场抢险指挥部在充分考虑专家和有关意见的基础上，依法采取紧急措施，并注意做好以下工作。

① 对于含超标有毒有害气体的油气井井喷失控或着火，应迅速组织周围群众撤离危险区域，并根据硫化氢等有毒有害气体扩散的实测距离扩大撤离范围，同时做好撤离群众的生活安置工作；

② 划定危险区域，设立警戒线，设置警示标志，封锁事故现场，实行交通管制。未着火的井严防着火，尽量将易燃易爆物品撤离危险区域；对事故现场和周边地区进行可燃气体分析、有毒气体分析、大气环境监测和气象预报，必要时向周边居民发出警报；

③ 协调地方政府的消防、公安、医院、有关应急队伍、物资、装备等，以保障抢险的需要；

④ 在邻近江河、湖泊、海洋、环境敏感区以及交通干线等地区，要在处置井喷事故的同时，充分考虑到事故和次生事故对环境可能造成的威胁，要严密制定并采取对环境敏感区和易受损资源的保护措施，防止事态扩大和引发次生灾害；

⑤ 调集相关医疗专家、医疗设备组成现场医疗救治小组，进行现场医疗救治和转移治疗；

⑥ 在分析井喷事故发生原因和井下情况的基础上，制定井喷事故抢险实施方案。在抢险施工中情况若发生变化，及时修订抢险方案，并组织实施；

⑦ 现场救援人员必须做好人身安全防护，避免中毒、烧伤等人身伤害；

⑧ 在采取措施控制井喷的过程中，若井口压力有可能超过允许关井最高压力，应采取经放喷管线点火放喷的措施；

⑨ 井喷失控后，在人员生命受到巨大威胁、人员撤离无望、失控井无希望得到控制的情况下，作为最后手段应按抢险作业程序对油气井井口实施点火。油气井点火程序应在集团公司所属企业的应急预案中明确。油气井点火决策人由生产经营单位代表或其授权的现场总负责人来担任，并在集团公司所属企业应急预案中明确；

⑩ 在事故处理结束后，确认作业现场及其周边环境安全的情况下，决定撤离群众的返回时间。

第8章 钻井井控应急演练及有毒有害气体防护

演练程序是现场组织模拟演练的指导性文件，模拟演练是实战的预演，应当高度重视此项工作。本章的内容包括现场溢流井喷应急演练程序，井口发现硫化氢或失控时的应急处理程序，钻井井架工逃生装置和钻井作业过程中有毒有害气体的安全管理与操作规程。

8.1 现场发生溢流井喷时的关井演练程序

8.1.1 防喷演习关井培训操作规范

井控信号与关井手势见表8-1。

表8-1 井控信号与关井手势

操作内容	信号内容
溢流报警信号	鸣汽笛15s以上
关井信号	每次2s左右、间隔1s左右的2声短促鸣笛声
开井信号	每次2s左右、间隔1s左右的3声短促鸣笛声
打开节流阀	左臂向前平伸
打开平板阀	左臂向左平伸
关闭节流阀	左臂向前平伸，右手向下顺时针划平圆
关闭平板阀	左臂向左平伸，右手向下顺时针划平圆
打开环形防喷器	手掌伸开，掌心向外，双臂侧上方高举展开
关闭环形防喷器	双臂向两侧平举呈一直线，五指呈半弧状，然后同时向上摆拢于头顶
关闭闸板防喷器	双臂向两侧平举呈一直线，五指伸开，手心向前，然后同时平摆，合拢于胸前
打开闸板防喷器	手掌伸开，掌心向外，双臂胸前平举展开

8.1.1.1 正常钻进作业

（1）发——发信号。

坐岗工：发现溢流后，迅速向司钻报告——报告司钻，发现溢流，然后迅速赶到节流管汇。

司钻：接到报警后，立即发出 15s 以上长鸣信号。

副司钻：听到长鸣信号，迅速赶到远控台。

井架工：听到长鸣信号，迅速上钻台，打开立压传感器截止阀，然后在节流控制箱处做好关节流阀准备。

内钳工：听到长鸣信号，迅速上钻台，做好扣吊卡准备。

外钳工：听到长鸣信号，迅速上钻台，做好扣吊卡准备。

钻井液工：听到长鸣信号，迅速赶到钻井液罐，监测出入口钻井液密度、黏度、钻井液罐液面。

司机：听到长鸣信号，打开排气管冷却水，做好倒车或停车准备，面向钻台站立，听从司钻指令。

司助或发电工：听到长鸣信号，立即停循环系统、机泵房、井架灯的电源，夜间时开井场探照灯，保证远控台（夜间探照灯）用电，在发电房或配电室前，面向钻台站立，听从司钻指令。

值班干部：听到长鸣信号，迅速上钻台监督各岗操作。

录井工：听到长鸣信号，迅速赶到节流管汇。

（2）停——停止钻进作业。

司钻：停转盘，停泵。

副司钻：赶到远控台检查储能器压力、管汇压力、环形防喷器控制压力及蓄能器隔离阀开关状态、电控旋钮是否在自动位。

井架工：在节流控制箱处做好关节流阀准备。

坐岗工：检查节流管汇各阀门的开关状态是否正确，然后观察 4 号液动阀阀杆。

内钳工：准备好吊卡后，面向井口站立。

外钳工：准备好吊卡后，面向井口站立。

钻井液工：监测出入口钻井液密度、黏度及钻井液罐液面变化。

录井工：做好记录套压的准备。

司机：面向钻台站立，听从司钻指令。

司助或发电工：保证远控台（夜间探照灯）用电，在发电房或配电室前，面向钻台站立，听从司钻指令。

值班干部：监督各岗操作。

（3）抢——抢提方钻杆。

司钻：将方钻杆下第 1 个钻杆接头提至转盘面 0.5m 左右刹车。

副司钻：检查完后在远控台前面向钻台站立。

井架工：在节流控制箱处做好关节流阀准备。

坐岗工：观察 4 号液动阀阀杆。

内钳工：面向井口站立，司钻将方钻杆下第 1 个钻杆接头提至转盘面 0.5m 左右刹车后，与外钳工配合扣好吊卡，然后站到司钻与坐岗工都能看见的位置，准备接收坐岗工手势。

外钳工：面向井口站立，司钻将方钻杆下第一个钻杆接头提至转盘面 0.5m 左右刹车后，与内钳工配合扣好吊卡，然后准备旋塞扳手，听从司钻指令。

钻井液工：监测出入口钻井液密度、黏度、钻井液罐液面变化情况。

录井工：做好记录套压的准备。

司机：面向钻台站立，听从司钻指令。

司助或发电工：保证远控台（夜间探照灯）用电，在发电房或配电室前，面向钻台站立，听从司钻指令。

值班干部：监督各岗操作。

（4）开——开 4 号阀。

司钻：刹死刹把后，迅速在司控台打开液动平板阀。

副司钻：在远控台观察液动平板阀换向阀手柄是否倒向开位，必要时补位或在远控台打开液动平板阀。

井架工：在节流控制箱处做好关节流阀的准备。

坐岗工：4 号液动阀阀杆全部伸出后，向内钳工发出打开平板阀的手势，然后赶到液动节流阀前第 1 个平板阀的位置。

内钳工：看到坐岗工发出打开平板阀手势后，迅速向司钻传递该手势，然后站在司钻与副司钻都能看见的位置，准备接收副司钻的手势。

外钳工：待命。

钻井液工：监测出入口钻井液密度、黏度、钻井液罐液面变化情况。

录井工：做好记录套压的准备。

司机：面向钻台站立，听从司钻指令。

司助或发电工：保证远控台（夜间探照灯）用电，在发电房或配电室前，面向钻台站立，听从司钻指令。

值班干部：监督各岗操作。

（5）关——关防喷器。

司钻：看到内钳工传递打开平板阀手势后，在司控台先关环形防喷器，环形防喷器关闭后，再关半封闸板防喷器。

副司钻：观察环形防喷器和半闭闸板防喷器的换向阀手柄是否倒向关位。确认环形防喷器换向阀手柄倒向关位（必要时补位或在远控台关环形防喷器）后向内钳工发出关闭环形防喷器手势；确认半封闸板防喷器换向阀手柄倒向关位（必要时补位或在远控台关半闭闸板防喷器）后，迅速到钻台下观察锁紧轴，当锁紧轴外露端全部进入油缸后，赶到大门坡道外侧适当位置向内钳工发出关闭闸板防喷器手势，然后赶到远控台前面向钻台站立。

井架工：在节流控制箱处做好关节流阀准备。

坐岗工：在液动节流阀前第 1 个平板阀位置仰视钻台站立待命。

内钳工：看到副司钻发出关闭环形防喷器手势后，迅速向司钻传递该手势；看到副司钻发出关闭半封闸板防喷器手势后，迅速向司钻传递该手势；然后站到井架工与坐岗工都能看到的位置。

外钳工：待命。

钻井液工：监测出入口钻井液密度、黏度、钻井液罐液面变化情况。

录井工：做好记录套压的准备。

司机：面向钻台站立，听从司钻指令。

司助或发电工：保证远控台（夜间探照灯）用电，在发电房或配电室前，面向钻台站立，听从司钻指令。

值班干部：监督各岗操作。

（6）关——关节流阀（试关井），再关节流阀前的平板阀。

司钻：看到内钳工传递关闭闸板防喷器手势后，下放钻具至吊卡上，发出 2 声短鸣信号。控制刹把，以防发生意外。看到内钳工发出关闭平板阀手势后，迅速在司控台打开环形防喷器。

副司钻：观察环形防喷器换向阀手柄是否倒向开位，确认环形防喷器换向阀手柄倒向开位（必要时补位或在远控台打开环形防喷器）后，向内钳工发出打开环形防喷器手势，然后检查液控管线及井口和节流、压井管汇是否有泄漏。

井架工：听到 2 声短鸣信号后，迅速在节流管汇控制箱眼看套压表，慢关节流阀。节流阀关闭后，向内钳工发出关闭节流阀手势。

坐岗工：看到内钳工发出关平板阀手势后，迅速关闭液动节流阀前的平板阀，关闭后迅速向内钳工发出关闭平板阀手势，然后监视、记录套压。

内钳工：看到井架工发出关闭节流阀手势后，向坐岗工发出关闭平板阀手势；看到坐岗工发出关闭平板阀手势后，向司钻传递该手势。然后，站到副司钻与司钻都能看到的位置，看到副司钻发出打开环形防喷器手势后迅速向司钻传递该手势。

外钳工：向司钻报告旋塞扳手已准备好，听从司钻指令。

钻井液工：监测出入口钻井液密度、黏度、钻井液罐液面变化情况。

录井工：做好记录套压的准备。

司机：面向钻台站立，听从司钻指令；

司助或发电工：保证远控台（夜间探照灯）用电，在发电房或配电室前，面向钻台站立，听从司钻指令。

值班干部：监督各岗操作。

（7）看——看立压、套压、钻井液增量。

司钻：坐岗工汇报套压、钻井液工汇报钻井液增量，内钳工汇报立压后，迅速向值班干部（工程师）汇报（可指令外钳工汇报）。

副司钻：检查液控管线及井口和节流、压井管汇是否有泄漏。

坐岗工：认真观察、记录套压，及时向司钻汇报，然后在节流管汇处继续观察、记录套压。

井架工：在节流管汇控制箱处观察、记录立压、套压。

内钳工：在立管处观察、记录立压，及时向司钻汇报，然后继续在立管处观察、记录立压。

外钳工：执行司钻指令。

钻井液工：核对钻井液罐液面变化，及时向司钻汇报。

录井工：观察、记录套压。

司机：面向钻台站立，听从司钻指令。

司助或发电工：保证远控台（夜间探照灯）用电，在发电房或配电室前，面向钻台站立，听从司钻指令。

值班干部：接到汇报后，做出下一步作业指令。

8.1.1.2　起下钻杆作业

（1）发——发信号。

坐岗工：发现溢流后，迅速向司钻报告——报告司钻，发现溢流，然后迅速赶到节流管汇。

司钻：接到报警后，立即发出 15s 以上长鸣信号。

副司钻：听到长鸣信号，迅速上钻台做抢接回压阀准备。

井架工：听到长鸣信号，完成二层台操作，拉下指梁挡销，迅速下到钻台，下二层台前确认井口立柱扣是否卸开。

内钳工：听到长鸣信号，做抢接回压阀准备。

外钳工：听到长鸣信号，做抢接回压阀准备。

钻井液工：听到长鸣信号，迅速赶到钻井液罐，监测钻井液罐液面。

录井工：听到长鸣信号，迅速赶到节流管汇。

司机：听到长鸣信号，打开排气管冷却水，做好倒车或停车准备，面向钻台站立，听从司钻指令。

司助或发电工：听到长鸣信号，立即停循环系统、机泵房、井架灯的电源，夜间时开井场探照灯，保证远控台（夜间探照灯）用电，在发电房或配电室前，面向钻台站立，听从司钻指令。

值班干部：听到长鸣信号，迅速上钻台监督各岗操作。

（2）停——停止起下钻杆作业。

司钻：出井立柱扣已卸开，将立柱放于钻杆盒，下放游车至适当位置刹车；出井立柱扣未卸开则迅速下放该立柱，上提空游车至适当位置刹车。

副司钻：配合井口操作。

井架工：下到钻台后，配合井口操作。

坐岗工：检查节流管汇各阀门开关状态是否正确，然后观察 4 号液动阀阀杆。

内钳工：与外钳工配合将立柱放于钻杆盒或坐吊卡、取吊环。

外钳工：与内钳工配合将立柱放于钻杆盒或坐吊卡、取吊环。

钻井液工：监测钻井液罐液面。

录井工：做好记录套压的准备。

司机：面向钻台站立，听从司钻指令。

司助或发电工：保证远控台（夜间探照灯）用电，在发电房或配电室前，面向钻台站立，听从司钻指令。

值班干部：监督各岗操作。

（3）抢——抢接回压阀。

司钻：组织抢接钻具回压阀，接好后上提钻具至吊卡离转盘面 20～50mm 刹车。

副司钻：协助抢接回压阀，接好后迅速赶到远控台，检查储能器压力、管汇压力、环形防喷器控制压力及蓄能器隔离阀、电控旋钮位置，然后面向钻台站立。

井架工：协助抢接回压阀，接好后打开立压传感器截止阀，然后在节流管汇控制箱处做好关节流阀准备。

坐岗工：观察 4 号液动阀阀杆。

内钳工：抢接钻具回压阀，回压阀紧扣后，卸松顶丝，卸掉回压阀装卸器；挂井口负荷吊卡。然后站到司钻与坐岗工都能看见的位置，准备接收坐岗工手势。

外钳工：抢接钻具回压阀，回压阀紧扣后，卸松顶丝，卸掉回压阀装卸器；挂井口负荷吊卡。然后准备旋塞扳手，听从司钻指令。

钻井液工：监测钻井液罐液面。

录井工：做好记录套压的准备。

司机：面向钻台站立，听从司钻指令。

司助或发电工：保证远控台（夜间探照灯）用电，在发电房或配电室前，面向钻台站立，听从司钻指令。

值班干部：监督各岗操作。

（4）开——开 4 号阀。

司钻：刹死刹把后，迅速在司控台打开液动平板阀。

副司钻：在远控台观察液动平板阀的换向阀手柄是否倒向开位，必要时补位或在远控台打开液动平板阀。

井架工：在节流控制箱处做好关节流阀准备。

坐岗工：4 号液动阀杆全部伸出后，向内钳工发出打开平板阀的手势，然后赶到液动节流阀前第 1 个平板阀位置。

内钳工：看到坐岗工发出打开平板阀的手势后，迅速向司钻传递该手势，然后站到司钻与副司钻都能看见的位置，准备接收副司钻的手势。

外钳工：待命。

钻井液工：监测钻井液罐液面变化情况。

录井工：做好记录套压的准备。

司机：面向钻台站立，听从司钻指令。

司助或发电工：保证远控台（夜间探照灯）用电，在发电房或配电室前，面向钻台站立，听从司钻指令。

值班干部：监督各岗操作。

（5）关——关防喷器。

司钻：看到内钳工传递打开平板阀手势后，在司控台先关环形防喷器，环形防喷器关闭后，再关半封闸板防喷器。

副司钻：观察环形防喷器和半闭闸板防喷器的换向阀手柄是否倒向关位。确认环形防喷器换向阀手柄倒向关位（必要时补位或在远控台关环形防喷器）后向内钳工发出关闭环形防喷器手势；确认半封闸板防喷器换向阀手柄倒向关位（必要时补位或在远控台关半闭闸板防喷器）后，迅速到钻台下观察锁紧轴，当锁紧轴外露端全部进入油缸后，赶到大门坡道外侧适当位置向内钳工发出关闭闸板防喷器手势，然后赶到远控台前面向钻台站立。

井架工：在节流控制箱处做好关节流阀准备。

坐岗工：在液动节流阀前第 1 个平板阀位置仰视钻台站立待命。

内钳工：看到副司钻发出关闭环形防喷器手势后，迅速向司钻传递该手势；看到副司钻发出关闭半封闸板防喷器手势后，迅速向司钻传递该手势；然后站到在井架工与坐岗工都能看到的位置。

外钳工：待命。

钻井液工：监测钻井液罐液面。

录井工：做好记录套压准备。

司机：面向钻台站立，听从司钻指令。

司助或发电工：保证远控台（夜间探照灯）用电，在发电房或配电室前，面向钻台站立，听从司钻指令。

值班干部：监督各岗操作。

（6）关——关节流阀（试关井），再关节流阀前的平板阀。

司钻：看到内钳工传递关闭闸板防喷器手势后，下放钻具至吊卡上，发出2声短鸣信号。控制刹把，以防发生意外。看到内钳工发出关闭平板阀手势后，迅速在司控台打开环形防喷器。

副司钻：观察环形防喷器换向阀手柄是否倒向开位，确认环形防喷器换向阀手柄倒向开位（必要时补位或在远控台打开环形防喷器）后，向内钳工发出打开环形防喷器的手势，然后检查液控管线及井口和节流、压井管汇是否有泄漏。

井架工：听到2声短鸣信号后，迅速在节流管汇控制箱眼看套压表，慢关节流阀。节流阀关闭后，向内钳工发出关闭节流阀手势。

坐岗工：看到内钳工发出关平板阀手势后，迅速关闭液动节流阀前的平板阀，关闭后迅速向内钳工发出关闭平板阀手势，然后监视、记录套压。

内钳工：看到井架工发出关闭节流阀手势后，向坐岗工发出关闭平板阀手势；看到坐岗工发出关闭平板阀手势后，向司钻传递该手势。然后，站到副司钻与司钻都能看到的位置。看到副司钻发出打开环形防喷器手势后迅速向司钻传递该手势。

外钳工：向司钻报告旋塞扳手已准备好，听从司钻指令。

钻井液工：监测钻井液罐液面。

录井工：做好记录套压的准备。

司机：面向钻台站立，听从司钻指令。

司助或发电工：保证远控台（夜间探照灯）用电，在发电房或配电室前，面向钻台站立，听从司钻指令。

值班干部：监督各岗操作。

（7）看——看立压、套压、钻井液增量。

司钻：组织接方钻杆，求立压。坐岗工汇报套压、钻井液工汇报钻井液增量、内钳工汇报立压后，迅速向值班干部（工程师）汇报（可指令外钳工汇报）。

副司钻：检查液控管线及井口和节流、压井管汇是否有泄漏。配合接方钻杆，然后检查准备钻井泵，倒好循环通道阀门。

坐岗工：认真观察、记录套压，及时向司钻汇报，然后在节流管汇处继续观察、记录套压。

井架工：在节流管汇控制箱处观察、记录立压、套压。配合接方钻杆。

内钳工：接方钻杆。在立管处认真观察、记录立压，及时向司钻汇报，然后继续在立管处观察、记录立压。

外钳工：接方钻杆。执行司钻指令（求立压时向司钻传递停泵手势）。

钻井液工：核对钻井液罐液面变化，及时向司钻汇报。

录井工：观察、记录套压。

司机：面向钻台站立，听从司钻指令。

司助或发电工：保证远控台（夜间探照灯）用电，在发电房或配电室前，面向钻台站立，听从司钻指令。

值班干部：接到汇报后，做出下一步作业指令。

8.1.1.3　起下钻铤作业

（1）发——发信号。

坐岗工：发现溢流后，迅速向司钻报告——报告司钻，发现溢流，然后准备防喷单根上钻台。

司钻：接到报警后，立即发出 15s 以上长鸣信号。

副司钻：听到长鸣信号，迅速上钻台，做抢接防喷单根准备。

井架工：听到长鸣信号，完成二层台操作，拉下指梁挡销，迅速下到钻台，下来之前观察井口立柱扣是否卸开。

内钳工：听到长鸣信号，迅速做抢接防喷单根准备。

外钳工：听到长鸣信号，迅速做抢接防喷单根准备。

钻井液工：听到长鸣信号，迅速赶到钻井液罐，监测钻井液罐液面。

司机：听到长鸣信号，打开排气管冷却水，做好倒车或停车准备，面向钻台站立，听从司钻指令。

司助或发电工：听到长鸣信号，立即停循环系统、机泵房、井架灯的电源，夜间时开井场探照灯，保证远控台（夜间探照灯）用电，在发电房或配电室前，面向钻台站立，听从司钻指令。

值班干部：听到长鸣信号，迅速上钻台监督各岗操作。

（2）停——停止起下钻铤作业。

司钻：若出井立柱扣已卸开，则立柱放于钻杆盒，下放游车至适当位置接防喷单根；若出井立柱扣未卸开则迅速下放该立柱接防喷单根。

副司钻：配合井口操作。

井架工：下到钻台后，配合井口操作。

坐岗工：准备防喷单根上钻台。

内钳工：与外钳工配合接防喷单根。

外钳工：与内钳工配合接防喷单根。

钻井液工：监测钻井液罐液面。

司机：面向钻台站立，听从司钻指令。

司助或发电工：保证远控台（夜间探照灯）用电，在发电房或配电室前，面向钻台站立，听从司钻指令。

值班干部：监督各岗操作。

（3）抢——抢接防喷单根。

司钻：接好防喷单根后，下放钻具吊卡距转盘面 20~50mm 时刹车。

副司钻：配合抢接防喷单根，接好后迅速赶到远控台，检查储能器压力、管汇压力、环形防喷器控制压力及蓄能器隔离阀开关状态、电控旋钮位置，然后面向钻台站立。

井架工：配合抢接防喷单根，接好后打开立压传感器截止阀，然后在节流管汇控制箱处做好关节流阀准备。

坐岗工：防喷单根上钻台后，迅速赶到节流管汇，检查节流管汇各阀门的开关状态是否正确，然后观察 4 号液动阀阀杆。

内钳工：与外钳工配合抢接防喷单根，接好后站到司钻与坐岗工都能看见的位置，准备接收坐岗工手势。

外钳工：与内钳工配合抢接防喷单根，接好后准备旋塞扳手，听从司钻指令。

钻井液工：监测钻井液罐液面。

司机：面向钻台站立，听从司钻指令。

司助或发电工：保证远控台（夜间探照灯）用电，在发电房或配电室前，面向钻台站立，听从司钻指令。

值班干部：监督各岗操作。

（4）开——开 4 号阀。

司钻：刹死刹把后，迅速在司控台上打开液动平板阀。

副司钻：在远控台观察液动平板阀的换向阀手柄是否倒向开位，必要时补位或在远控台打开液动平板阀。

井架工：在节流控制箱处做好关节流阀准备。

坐岗工：4 号液动阀杆全部伸出后，向内钳工发出打开平板阀手势，然后迅速赶到液动节流阀前第 1 个平板阀位置。

内钳工：看到坐岗工发出打开平板阀手势后，迅速向司钻传递该手势，然后站到司钻与副司钻都能看见的位置，准备接收副司钻手势。

外钳工：待命。

钻井液工：监测钻井液罐液面。

录井工：做好记录套压的准备。

司机：面向钻台站立，听从司钻指令。

司助或发电工：保证远控台（夜间探照灯）用电，在发电房或配电室前，面向钻台站立，听从司钻指令。

值班干部：监督各岗操作。

（5）关——关防喷器。

司钻：看到内钳工传递打开平板阀手势后，在司控台先关环形防喷器，环形防喷器关闭后，再关半封闸板防喷器。

副司钻：观察环形防喷器和半闭闸板防喷器的换向阀手柄是否倒向关位，确认环形防喷器换向阀手柄倒向关位（必要时补位或在远控台关环形防喷器）后向内钳工发出关闭环形防喷器手势；确认半封闸板防喷器换向阀手柄倒向关位（必要时补位或在远控台关半闭闸板防喷器）后，迅速到钻台下观察锁紧轴，当锁紧轴外露端全部进入油缸后，赶到大门坡道外侧适当位置向内钳工发出关闭闸板防喷器手势，然后赶到远控台前面向钻台站立。

井架工：在节流控制箱处做好关节流阀准备。

坐岗工：在液动节流阀前第 1 个平板阀位置仰视钻台站立待命。

内钳工：看到副司钻发出关闭环形防喷器手势后，迅速向司钻传递该手势；看到副司钻发出关闭半封闸板防喷器手势后，迅速向司钻传递该手势；然后站到井架工与坐岗工都能看到的位置。

外钳工：待命。

钻井液工：监测钻井液罐液面。

录井工：做好记录套压的准备。

司机：面向钻台站立，听从司钻指令。

司助或发电工：保证远控台（夜间探照灯）用电，在发电房或配电室前，面向钻台站立，听从司钻指令。

值班干部：监督各岗操作。

（6）关——关节流阀（试关井），再关节流阀前的平板阀。

司钻：看到内钳工传递关闭闸板防喷器手势后，下放钻具至吊卡上，发出 2 声短鸣信号。控制刹把，以防发生意外。看到内钳工发出关闭平板阀手势后，迅速在司控台打开环形防喷器。

副司钻：观察环形防喷器换向阀手柄是否倒向开位，确认环形防喷器换向阀手柄倒向开位（必要时补位或在远控台打开环形防喷器）后，向内钳工发出打开环形防喷器手势，然后检查液控管线及井口和节流、压井管汇是否有泄漏。

井架工：听到 2 声短鸣信号后，迅速在节流管汇控制箱眼看套压表，慢关节流阀。节流阀关闭后，向内钳工发出关闭节流阀手势。

坐岗工：看到内钳工发出关平板阀手势后，迅速关闭液动节流阀前的平板阀，关闭后迅速向内钳工发出关闭平板阀手势，然后监视、记录套压。

内钳工：看到井架工发出关闭节流阀手势后，向坐岗工发出关闭平板阀手势；看到坐岗工发出关闭平板阀手势后，向司钻传递该手势。然后，站到副司钻与司钻都能看到的位置。看到副司钻发出打开环形防喷器手势后迅速向司钻传递该手势。

外钳工：向司钻报告旋塞扳手已准备好，听从司钻指令。

钻井液工：监测钻井液罐液面变化情况。

录井工：做好记录套压准备。

司机：面向钻台站立，听从司钻指令。

司助或发电工：保证远控台（夜间探照灯）用电，在发电房或配电室前，面向钻台站立，听从司钻指令。

值班干部：监督各岗操作。

（7）看——看立压、套压、钻井液增量。

司钻：组织接方钻杆，求立压。坐岗工汇报套压、钻井液工汇报钻井液增量、内钳工汇报立压后，迅速向值班干部（工程师）汇报（可指令外钳工或坐岗工汇报）。

副司钻：检查液控管线及井口和节流、压井管汇是否有泄漏。配合接方钻杆，然后检查准备钻井泵，倒好循环通道阀门。

坐岗工：认真观察、记录套压，及时向司钻汇报，然后在节流管汇处观察、记录套压。

井架工：在节流管汇控制箱处观察、记录立压、套压。配合接方钻杆。

内钳工：接方钻杆。在立管处认真观察、记录立压，及时向司钻汇报，然后继续在立管处观察、记录立压。

外钳工：接方钻杆。执行司钻指令（求立压时向司钻传递停泵手势）。

钻井液工：核对钻井液罐液面变化，及时向司钻汇报。

录井工：观察、记录套压。

司机：面向钻台站立，听从司钻指令。

司助或发电工：保证远控台（夜间探照灯）用电，在发电房或配电室前，面向钻台站立，听从司钻指令。

值班干部：接到司钻汇报后，做出下一步作业指令，并向司钻传达该指令。

8.1.1.4 空井作业

（1）发——发信号。

坐岗工：发现溢流后，迅速向司钻报告—报告司钻，发现溢流，然后迅速赶到节流管汇，观察4号液动阀阀杆。

司钻：接到报警后，立即发出15s以上长鸣信号。

副司钻：听到长鸣信号，迅速赶到远控台，检查储能器压力、管汇压力、环形防喷器控制压力及蓄能器隔离阀、电控旋钮位置，然后面向钻台站立。

井架工：听到长鸣信号，迅速上钻台，打开立压传感器截止阀，然后在节流控制箱处做好关节流阀准备。

内钳工：听到长鸣信号，迅速上钻台，站到司钻与坐岗工都能看见的位置，准备接收坐岗工手势。

外钳工：听到长鸣信号迅速上钻台，听从司钻指令。

钻井液工：听到长鸣信号，迅速赶到钻井液罐，监测钻井液罐液面。

录井工：听到长鸣信号迅速赶到节流管汇处。

司机：听到长鸣信号，立即启动柴油机，然后面向钻台站立，听从司钻指令。

司助或发电工：听到长鸣信号，立即停循环系统、机泵房、井架灯的电源，夜间时开井场探照灯，保证远控台（夜间探照灯）用电，在发电房或配电室前，面向钻台站立，听从司钻指令。

值班干部：听到报警后，迅速上钻台监督各岗操作情况。

（2）开——开4号阀。

司钻：在司控台上打开液动平板阀。

副司钻：在远控台观察液动平板阀换向阀手柄是否倒向开位，必要时补位或在远控台打开液动平板阀。

井架工：在节流控制箱处做好关节流阀准备。

坐岗工：4号液动阀阀杆全部伸出后，向内钳工发出打开平板阀手势。

内钳工：接到坐岗工打开平板阀手势后，迅速向司钻传递该手势，然后站到司钻与副司钻都能看见的位置，准备接收副司钻手势。

外钳工：待命。

钻井液工：监测钻井液罐液面。

录井工：做好记录套压的准备。

司机：面向钻台站立，听从司钻指令。

司助或发电工：保证远控台（夜间探照灯）用电，在发电房或配电室前，面向钻台站立，听从司钻指令。

值班干部：监督各岗操作。

（3）关——关防喷器。

司钻：看到内钳工传递打开平板阀手势后，在司控台先关环形防喷器，环形防喷器关闭后，再关全封闸板防喷器。

副司钻：观察环形防喷器和全封闸板防喷器的换向阀手柄是否倒向关位，确认环形防喷器换向阀手柄倒向关位（必要时补位或在远控台关环形防喷器）后向内钳工发出关闭环形防喷器手势；确认全封闸板防喷器换向阀手柄倒向关位（必要时补位或在远控台关闭全封闸板防喷器）后，迅速到钻台下观察锁紧轴，当锁紧轴外露端全部进入油缸后，赶到大门坡道外侧适当位置向内钳工发出关闭闸板防喷器手势，然后赶到远控台前面向钻台站立。

井架工：在节流控制箱处做好关节流阀准备。

坐岗工：在液动节流阀前第 1 个平板阀位置仰视钻台站立待命。

内钳工：看到副司钻发出关闭环形防喷器手势后，迅速向司钻传递该手势；看到副司钻发出关闭半封闸板防喷器手势后，迅速向司钻传递该手势；然后站到井架工与坐岗工都能看到的位置。

外钳工：待命。

钻井液工：监测钻井液罐液面。

录井工：做好记录套压准备。

司机：面向钻台站立，听从司钻指令。

司助或发电工：保证远控台（夜间探照灯）用电，在发电房或配电室前，面向钻台站立，听从司钻指令。

值班干部：监督各岗操作。

（4）关——关节流阀（试关井），再关节流阀前平板阀。

司钻：看到内钳工传递关闭闸板防喷器手势后，发出两声短鸣信号。看到内钳工发出关闭平板阀手势后，迅速在司控台打开环形防喷器。

副司钻：观察环形防喷器换向阀手柄是否倒向开位（必要时补位或在远控台打开环形防喷器）确认后，向内钳工发出打开关环形防喷器手势，然后检查液控管线及井口和节流、压井管汇是否有泄漏。

井架工：听到两声短鸣信号后，迅速在节流管汇控制箱处眼看套压表，慢关节流阀。节流阀关闭后，向内钳工发出关闭节流阀手势。

坐岗工：看到内钳工发出关闭平板阀手势后，迅速关闭液动节流阀前平板阀，关闭后迅速向内钳工发出关闭平板阀手势，然后在节流管汇处监视、记录套压。

内钳工：在井架工与坐岗工都能看到的位置站立，看到井架工发出关闭节流阀手势后，向坐岗工发出关闭平板阀手势；看到坐岗工发出关闭平板阀手势后，向司钻传递该手势。然后，站到副司钻与司钻都能看到的位置，看到副司钻发出打开环形防喷器手势后迅速向司钻传递该手势。

外钳工：待命。

钻井液工：监测钻井液罐液面。

司机：面向钻台站立，听从司钻指令。

司助或发电工：保证远控台（夜间探照灯）用电，在发电房或配电室前，面向钻台站立，听从司钻指令。

值班干部：监督各岗操作。

（5）看——看套压、钻井液增量。

司钻：坐岗工汇报套压、钻井液工汇报钻井液增量后，迅速向值班干部（工程师）汇报（可指令外钳工或坐岗工汇报）。

副司钻：检查液控管线及井口和节流、压井管汇是否有泄漏。

坐岗工：认真观察、记录套压，及时向司钻汇报，然后在节流管汇继续观察、记录套压。

井架工：在节流管汇控制箱观察、记录套压。

内钳工：待命。

外钳工：待命。

钻井液工：核对钻井液罐液面变化，及时向司钻汇报。

录井工：观察、记录套压。

司机：面向钻台站立，听从司钻指令。

司助或发电工：保证远控台（夜间探照灯）用电，在发电房或配电室前，面向钻台站立，听从司钻指令。

值班干部：接到汇报后，做出下一步作业指令。

8.1.2　防喷演习开井培训操作规范

（1）发——发信号。

司钻：接到值班干部下达的开井指令后，发出时间 2s 左右的 3 声短鸣笛信号。

副司钻：听到 3 声短鸣笛信号，准备实施（检查）手动解锁。

井架工：听到 3 声短鸣笛信号，迅速赶到节流管汇控制箱。

内钳工：听到 3 声短鸣笛信号后，迅速站到坐岗工与井架工都能看到的位置，准备接收坐岗工手势。

外钳工：待命。

坐岗工：听到 3 声短鸣笛信号，迅速赶到节控管汇处。

（2）开——开液动节流阀前的平板阀。

司钻：在司控台前站立。

副司钻：准备实施（检查）手动解锁。

井架工：在节流管汇控制箱位置站立。

内钳工：看到坐岗工发出打开平板阀手势后，向井架工发出打开节流阀手势，然后站到司钻与副司钻都能看到的位置。

外钳工：待命。

坐岗工：赶到节控管汇后，迅速打开液动节流阀前的第一个平板阀，打开后向内钳工发出打开平板阀手势。然后准备实施手动解锁。

（3）开——开节流阀。

司钻：在司控台前站立。

副司钻：准备实施（检查）手动解锁。

井架工：看到内钳工发出打开节流阀手势后，在节流管汇控制箱处打开节流阀，打开后向司钻发出打开节流阀手势，关闭立压传感器截止阀，然后准备实施手动解锁。

内钳工：准备接收副司钻手势。

外钳工：待命。

坐岗工：准备实施手动解锁。

（4）解——解锁手动锁紧。

司钻：看到井架工发出打开节流阀手势后，指令外钳工向坐岗工、井架工、副司钻传递手动解锁指令。

副司钻：接到指令后，立即实施手动解锁，解锁到位后向内钳工发出打开闸板防喷器手势，然后赶到远控台。

井架工：接到指令后，立即实施手动解锁。

坐岗工：接到指令后，实施手动解锁，解锁完成后赶到4号阀位置。

内钳工：看到副司钻发出打开闸板防喷器手势后，立即向司钻传递该手势。

外钳工：接到司钻指令后立即通知坐岗工、井架工、副司钻，实施手动解锁，解锁完成后迅速上钻台。

（5）开——开闸板防喷器。

司钻：看到内钳工传递打开闸板防喷器手势并确认解锁到位后，在司控台打开闸板防喷器。

副司钻：观察闸板防喷器换向阀手柄是否倒向开位（必要时补位或在远控台打开闸板防喷器）确认后，迅速赶到钻台下观察锁紧轴，当锁紧轴外露端全部伸出油缸后，迅速赶到大门坡道外侧适当位置向内钳工发出打开闸板防喷器手势。

井架工：待命。

内钳工：看到副司钻发出打开闸板防喷器手势后，向司钻传递该手势。

外钳工：待命。

坐岗工：在4号阀位置观察液动阀阀杆。

（6）看——看闸板是否完全打开到位。

司钻：看到内钳工发出打开闸板防喷器手势后，指令外钳工到井口观察闸板是否完全退到闸板室。

副司钻：待命。

井架工：待命。

内钳工：协助外钳工到井口观察闸板是否完全退到闸板室。然后站到司钻与坐岗工都能看到的位置。

外钳工：到井口观察闸板是否完全打开到位，并将观察情况报告司钻。

坐岗工：观察 4 号液动阀阀杆。

（7）关——关 4 号阀。

司钻：确认闸板完全退到闸板室后，在司控台关 4 号液动平板阀。看到内钳工传递关闭平板阀手势，发出 1 声短笛信号，恢复正常作业。

副司钻：观察液动平板阀换向阀手柄是否倒向关位（必要时补位或在远控台关 4 号液动平板阀）。听到 1 声短笛信号后恢复正常操作。

井架工：听到 1 声短笛信号后恢复正常操作。

内钳工：看到坐岗工发出平板阀关闭手势后，向司钻传递该手势。听到 1 声短笛信号后恢复正常操作。

外钳工：听到 1 声短笛信号后恢复正常操作。

坐岗工：4 号阀阀杆全部进入油缸后，向内钳工发出平板阀关闭的手势。听到 1 声短笛信号后恢复正常操作。

8.2　井口发现硫化氢或失控时的应急处理程序

8.2.1　发现硫化氢溢出达到 15mg/m³ 的应急处置程序

发现硫化氢溢出达到 15mg/m³ 的应急处置程序见表 8-2。

表 8-2　发现硫化氢溢出达到 15mg/m³ 的应急处置程序

步骤	处　置	负责人
发现异常	当硫化氢报警仪显示硫化氢浓度达到 15mg/m³ 时，第一发现人立即口头报告司钻	（地质工、井架工、场地工或其他第一发现人）
发现异常	坐岗工发现溢流，立即报告司钻	司钻、井架工、场地工
关井	司钻立即停止作业，立即发出黄色声光报警、发出一长二短汽笛报警，组织班组人员按"四·七"动作关井	司钻

步骤	处 置		负责人
观察监测	柴油司机：开柴油机排气管冷却水；开 2 号、3 号柴油机；停 1 号柴油机		司钻
	发电工：停危险区域内不防爆电器		
	场地工：观察、记录套压并向司钻报告		
	外钳工：观察、记录立压并向司钻报告		
	综合录井操作工：汇集钻井液增加量、工程参数及气测显示资料，记录关井时间，向司钻报告		
	地质采集工：负责监测井场硫化氢及二氧化硫浓度，并做好记录，向司钻报告		
汇报	司钻将关井情况及有关数据向值班干部、钻井队长报告		
应急程序启动	钻井队长组织应现场急指挥组人员		钻井队长甲方监督
	制订压井方案、压井		
循环压井放喷	当关井立压、套压均为零时，在钻井液中加入除硫剂，调整 pH 值大于9.5，循环		钻井队长甲方监督指导员司钻
	当关井套压小（小于正常钻井时钻井液在井底形成的液柱压力）时，使用储备重钻井液调配压井液节流压井	场地工开液气分离控制阀，关放喷阀，回收钻井液	
		井架工与机械工长在液气分离器排气管出口点火	
	如果压力升高快，当套压值要超过地层最大关井压力时，用储备重浆循环放喷压井	场地工开放喷阀放喷	
		当喷出量减小时，场地工开液气分离控制阀，关放喷阀，回收钻井液	
		井架工与机械工长在放喷管口和液气分离器排气管出口点火	
	放喷时无关人员撤离到安全地带，操作人员佩戴空气呼吸器		
警戒	在井场下风口、点火口 100m、500m、1000m 范围内进行硫化氢、二氧化硫监测，根据监测情况（硫化氢浓度达到 $30mg/m^3$ 时）建立相应警戒区，负责警戒区内居民疏散、非应急人员撤离、禁止人畜和非现场应急车辆进入警戒区		指导员安全官
	当监测到井场硫化氢浓度达到 $30mg/m^3$ 时，按硫化氢溢出达到 $30mg/m^3$ 的应急处置程序处置		

8.2.2　发现硫化氢溢出达到 $30mg/m^3$ 的应急处置程序

发现硫化氢溢出达到 $30mg/m^3$ 的应急处置程序见表 8-3。

表 8-3　发现硫化氢溢出达到 30mg/m³ 的应急处置程序

步骤	处置		负责人
发现异常	当硫化氢报警仪显示硫化氢浓度达到 30mg/m³ 时，第一发现人立即口头报告司钻		（地质工、井架工、场地工或其他第一发现人）
关井	司钻立即发出红色声光报警、发出一长三短汽笛报警，组织班组人员穿戴好空气呼吸器，按"四·七"动作关井		司钻
观察监测	柴油司机：开柴油机排气管冷却水；开 2 号、3 号柴油机；停 1 号柴油机		
	发电工：停危险区域内不防爆电器		
	场地工：观察、记录套压并向司钻报告		
	外钳工：观察、记录立压并向司钻报告		
	综合录井操作工：汇集钻井液增加量、工程参数及气测显示资料，记录关井时间，向司钻报告		
	地质采集工：负责监测井场硫化氢及二氧化硫浓度，并做好记录，向司钻报告		
汇报	司钻将关井情况及有关数据向值班干部、钻井队长报告		
应急程序启动	钻井队长组织应现场急指挥组各小组人员佩戴空气呼吸器按职责分头行动		钻井队长甲方监督
	钻井队长：向项目部、当地政府（乡镇、村）报告		
	甲方监督：向甲方报告		
	制定压井方案、压井		
搜救	佩戴空气呼吸器搜救现场中毒人员并清场，把中毒人员移至安全地带，进行现场救护并送就近医院治疗		管理员材料员
警戒	在井场、放喷点火口下风口、点火口 100m、500m、1000m 范围内进行硫化氢、二氧化硫监测，根据监测情况（硫化氢浓度达到 30mg/m³ 时）建立相应警戒区并扩大监测范围，负责警戒区内居民疏散、非应急人员撤离、禁止人畜和非现场应急车辆进入警戒区		指导员安全官
循环压井放喷	当关井立压、套压均为零时，在钻井液中加入除硫剂，调整 pH 值大于 9.5，循环		钻井队长甲方监督指导员司钻
	当关井套压小（小于正常钻井时钻井液在井底形成的液柱压力时），使用储备重钻井液调配压井液节流压井	场地工开液气分离控制阀，关放喷阀，回收钻井液	
		井架工与机械工长在液气分离器排气管出口点火	
	如果压力升高快，当套压值要超过地层最大关井压力时，用储备重钻井液循环放喷压井	场地工开放喷阀放喷	
		当喷出量减小时，场地工开液气分离控制阀，关放喷阀，回收钻井液	
		井架工与机械工长在放喷管口和液气分离器排气管出口点火	
	放喷时无关人员撤离到安全地带，操作人员佩戴空气呼吸器		

续表

步骤	处　　置	负责人
配合	上级或地方的应急救援机构到达现场后，现场应急指挥组配合工作	现场指挥部 指挥：钻井队长甲方监督 副指挥：指导员、安全官或现场最高授权者

8.2.3　发现硫化氢溢出达到 150mg/m³ 的应急处置程序

发现硫化氢溢出达到 150mg/m³ 的应急处置程序见表 8-4。

表 8-4　发现硫化氢溢出达到 150mg/m³ 的应急处置程序

步骤	处　　置	负责人
发现异常	当硫化氢报警仪显示硫化氢浓度达到 150mg/m³ 时，第一发现人立即口头报告司钻	（地质工、井架工、泥浆工、场地工或其他第一发现人）
关井	司钻立即发出红色声光报警、发出连续拉响防空报警器，第一次持续时间为 5min，以后每间隔 3min 拉响 3min，直至险情结束报警，组织班组人员穿戴好空气呼吸器，按"四·七"动作关井	
观察监测	柴油司机：开柴油机排气管冷却水；开 2 号、3 号柴油机；停 1 号柴油机	司钻
	发电工：停危险区域内不防爆电器	
	场地工：观察、记录套压并向司钻报告	
	外钳工：观察、记录立压并向司钻报告	
	综合录井操作工：汇集钻井液增加量、工程参数及气测显示资料，记录关井时间，向司钻报告	
	地质采集工：负责监测井场硫化氢及二氧化硫浓度，并做好记录，向司钻报告	
汇报	司钻将关井情况及有关数据向值班干部、钻井队长汇报	
应急程序启动	钻井队长组织应现场急指挥组各小组人员佩戴空气呼吸器按职责分头行动	钻井队长甲方监督
	钻井队长：向项目部、当地政府（乡镇、村）报告	
	甲方监督：向甲方报告	
	制定压井方案、压井	
搜救	佩戴空气呼吸器搜救现场中毒人员并清场，把中毒人员移至安全地带，进行现场救护并送就近医院治疗	管理员材料员

续表

步骤	处　置	负责人
警戒	在井场下风口、点火口 100m、500m、1000m 范围内进行硫化氢、二氧化硫监测，根据监测情况（硫化氢浓度达到 30mg/m³ 时）建立相应警戒区，负责通知当地政府（乡镇、村）警戒区内居民疏散工作、禁止人畜和非现场应急车辆进入警戒区	指导员 安全官
循环 压井 放喷	当关井立压、套压均为零时，在钻井液中加入除硫剂，调整 pH 值大于 9.5，循环	钻井队长 甲方监督 指导员 司钻
	当关井套压小（小于正常钻井时钻井液在井底形成的液柱压力）时，使用储备重钻井液调配压井液节流压井　场地工开液气分离控制阀，关放喷阀，回收钻井液	
	井架工与机械工长在液气分离器排气管出口点火	
循环 压井 放喷	如果压力升高快，当套压值要超过地层最大关井压力时，用储备重钻井液循环放喷压井　场地工开放喷阀放喷	
	当喷出量减小时，场地工开液气分离控制阀，关放喷阀，回收钻井液	
	井架工与机械工长在放喷管口和液气分离器排气管出口点火	
	放喷时无关人员撤离到安全地带，操作人员佩戴空气呼吸器	
配合	上级或地方的应急救援机构到达现场后，现场应急指挥组配合工作	现场指挥部 指挥：钻井队长甲方监督 副指挥：指导员、安全官 或现场最高授权者

8.2.4　发现溢流未控制住井口的应急处置程序

发现溢流未控制住井口的应急处置程序见表 8-5。

表 8-5　发现溢流未控制住井口的应急处置程序

步骤	处　置	负责人
发现异常	当发现溢流时，第一发现人立即口头报告司钻	（地质工、井架工、场地工或其他第一发现人）
关井失败	司钻立即发出相应警报报警，组织班组人员佩戴好空气呼吸器，按"四·七"动作关井未控制住。司钻连续拉响防空报警器报警，直至险情结束	司钻

步骤	处　　　置	负责人
放喷	柴油司机：开柴油机排气管冷却水；开 2 号、3 号柴油机；停 1 号柴油机	司钻
	场地工、副司钻：打开 8 号、J6b、J9、4 号等阀门	
	发电工：停危险区域内不防爆电器	
	外钳工、内钳工：打开 5 号、1 号等阀门	
	井架工、机械工长：在主放喷口点火	
	电气工程师、司机长：在副放喷口点火	
	综合录井操作工：汇集钻井液增加量、工程参数及气测显示资料，记录关井、点火时间，向司钻报告	
	地质采集工：负责监测井场可燃气体、硫化氢及二氧化硫浓度，并做好记录，向司钻报告	
汇报	司钻将关井、放喷情况及有关数据向值班干部、钻井队长报告	
应急程序启动	钻井队长组织应现场急指挥组各小组人员按职责分头行动	钻井队长 甲方监督
	轮班班组人员立即用消防水龙带给井口喷水，防止着火爆炸	
	钻井队长：向项目部、当地政府（乡镇、村）报告	
	甲方监督：向甲方报告	
搜救	佩戴空气呼吸器搜救现场中毒人员并清场，把受伤人员移至安全地带，进行现场救护并送就近医院治疗	管理员 材料员
警戒	在井场下风口、点火口 100m、500m、1000m 范围内进行可燃气体、硫化氢、二氧化硫监测，根据监测情况（硫化氢浓度达到 30mg/m³、可燃气体达到 5%时）建立相应警戒区，负责通知当地政府（乡镇、村）警戒区内居民疏散、非应急人员撤离，禁止人畜和非现场应急车辆进入警戒区	指导员 安全官
配合	上级或地方的应急救援机构到达现场后，现场应急指挥组配合工作	钻井队长 甲方监督
处置	企地联合现场指挥部研究处置方案，按程序报批，安全处置	现场指挥部 指挥：钻井队长甲方监督 副指挥：指导员、安全官或现场最高授权者

8.2.5　发现硫化氢溢出未控制住井口的应急处置程序

发现硫化氢溢出未控制住井口的应急处置程序见表 8-6。

表 8-6 发现硫化氢溢出未控制住井口的应急处置程序

步骤	处　　置	负责人
发现异常	当发现溢流或硫化氢报警仪显示溢流或硫化氢浓度达到 15mg/m³ 时，第一发现人立即口头报告司钻	（地质工、井架工、场地工或其他第一发现人）
关井失败	司钻立即发出相应警报报警，组织班组人员穿戴好空气呼吸器，按"四·七"动作关井未控制住。司钻连续拉响防空报警器报警，直至险情结束	司钻
放喷	指挥所有人员穿戴空气呼吸器	司钻
放喷	柴油司机：开柴油机排气管冷却水；开 2 号、3 号柴油机；停 1 号柴油机	司钻
放喷	发电工：停危险区域内不防爆电器	司钻
放喷	场地工、副司钻：打开 8 号、J6b、J9、4 号等阀门	司钻
放喷	外钳工、内钳工：打开 5 号、1 号等阀门	司钻
放喷	井架工、机械工长：在主放喷口点火	司钻
放喷	电气工程师、司机长：在副放喷口点火	司钻
放喷	综合录井操作工：汇集钻井液增加量、工程参数及气测显示资料，记录关井、点火时间，向司钻汇报	司钻
放喷	地质采集工：负责监测井场硫化氢及二氧化硫浓度，并做好记录，向司钻汇报	司钻
汇报	司钻将关井、放喷情况及有关数据向值班干部、钻井队长汇报	司钻
应急程序启动	钻井队长组织应现场急指挥组各小组人员按职责分头行动	钻井队长 甲方监督
应急程序启动	钻井队长：向项目部、当地政府（乡镇、村）汇报	钻井队长 甲方监督
应急程序启动	甲方监督：向甲方汇报	钻井队长 甲方监督
撤离	井场硫化氢浓度大于 450mg/m³ 时，组织井场职工撤离现场	钻井队长 甲方监督
清场救护	清点现场人员、救护受伤人员	管理员 材料员
井口点火	钻井队长：向项部组汇报；甲方监督：向甲方汇报	钻井队长 甲方监督
井口点火	现场决策井口点火	钻井队长 甲方监督
警戒	在井场下风口、点火口 100m、500m、1000m 范围内进行硫化氢、二氧化硫监测，根据监测情况（硫化氢浓度达到 30mg/m³ 时）建立相应警戒区，负责通知当地政府（乡镇、村）警戒区内居民疏散、非应急人员撤离，禁止人畜和非现场应急车辆进入警戒区	指导员 安全官

步骤	处　　置	负责人
配合	上级及地方救援力量赶到现场后，配合疏散、警戒	钻井队长 甲方监督
处置	企地联合现场指挥部研究处置方案，按程序报批，安全处置	现场指挥部 指挥：钻井队长甲方监督 副指挥：指导员、安全官 或现场最高授权者

8.3　钻井井架工逃生装置

8.3.1　钻井井架工逃生装置的用途

RG10D 型下降逃生装置，用于一人或多人连续从高空以一定（均匀的）速度安全、快速地下落到地面，此装置只能用作逃生不能用作跌落保护装置。

8.3.2　钻井井架工逃生装置的构成

钻井井架工逃生装置的构成如图 8-1 所示。各组成部分的作用如下。

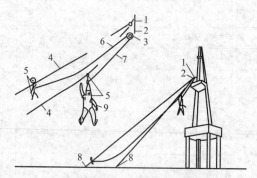

图 8-1　钻井井架工逃生装置的构成示意图

1,2—悬挂体；3—RG10D 缓降器；4—导向绳；5—手动控制器 ABS-12；6,7—上（下）拉绳；
8—地锚（逃生落地点）；9—多功能安全带

（1）悬挂体：用于安装导向绳和缓降器，且能够保护缓降器，位于整套装置的上固定点。

（2）RG10D 缓降器：自动保持下降速度的均匀性，限速拉绳通过缓降器上、下运动。

（3）导向绳：引导下滑路径，承担载荷，上连悬挂体，下连地锚。

（4）手动控制器 ABS-12：手动调节下滑速度。

（5）上（下）拉绳：又叫限速拉绳，绕过缓降器连接两个手动控制器。

（6）地锚（逃生落地点）：固定导向绳的下端，埋入地下；

（7）多功能安全带：保持人体受力均匀、舒适安全，与手动控制器上的两挂钩相连。

8.3.3　钻井井架工逃生装置的安装方法

钻井井架工逃生装置的安装方法：

（1）在钻井架二层工作平台上找一个安装悬挂体的固定点，悬挂体是由钢板焊接而成，呈三角形，里面的空腔是安装缓降器的，悬挂体通过 U 形环，用钢丝绳套固定在二层工作平台上方的井架上，一定要固定牢固且尽量设置在容易逃离的地方。三角悬挂体安装高度大约比二层平台高 3m 左右，可以根据现场情况适当调节，以上端的手动控制器挂钩垂在腰部为宜。

（2）从三角悬挂体下面两个角引出的两根钢丝绳叫导向绳，分别用螺栓把每根导向绳的一端固定在悬挂体上，另一端固定在地锚上，两个导向绳与地面的最佳角度为 30°~45°，最大角度为 75°，地面两地锚相距 4m 左右。

（3）地面两固定点用地锚固定，地锚下深应在 1~1.5m 左右，导向绳与地锚连接处用花篮螺栓和高强螺栓连接，转动花篮螺栓可以调节导向绳的松紧，导向绳通过花篮螺栓后用钢丝绳夹子固定紧，导向绳的直径为 10mm。

（4）在两导向绳上各装一个手动控制器，手动控制器永久地安装在导向绳上并沿两根导向绳上、下运动，导向绳从手动控制器的孔槽穿过（导向槽要完全包住导向绳），安装手动控制器要一个在下面地锚处穿入，另一个在井架二层台上面穿入，手动控制器同直径 5mm 的钢丝绳连接在一起，长度根据导向绳的长度而定。ϕ5mm 的钢丝绳又称作上拉绳或下拉线（也叫限速拉绳），两头有挂钩连接着手动控制器 ABS-12，必须保证手动控制器一个在上面二层台处，另一个在下面地锚处，上、下交替供多人连续逃生使用。手动控制器通过连接环永久连接在上拉绳和下拉绳上。

（5）在悬挂体内部空腔处安装缓降器 RG10D，并用螺栓固定在里面，安装时要把缓降器的散热孔打开，连接手动控制器的上、下拉绳绕过缓降器，使下滑速度均匀。

（6）多功能安全带用尼龙塑料做成，适用于不同身材的人穿戴，它有多个方位的连接环，可在多个不同的作业环境中使用，以保证高空作业人员在攀升、高空作业和下降时的安全。

8.3.4 钻井井架工逃生装置的使用

井架工在工作时要随时穿着多功能安全带，当遇到紧急情况时迅速把手动控制器上的两个承重挂钩挂在安全带腰间的两个连接环处，一只手抓住手动控制器的手柄，刚开始时，把手柄旋转到即将关紧位置，以免突然下降，造成下滑者的恐惧感，当连接承重挂钩的钢丝绳绷紧时，旋转手柄使手动控制器处于打开位置，手动控制器会顺着导向绳匀速滑下，快要到达落地点时，应旋转手柄减慢速度，防止人与地面猛烈接触，到达地面以后打开手动控制器上的两个承重挂钩即可。此时下面的一个手动控制器将被上拉绳拉到井架二层台处，为下一次逃生做好了准备，达到多人连续逃生的目的。每次使用完毕后，要把下面手动控制器的红色信号板卡在制动块和导向块中间，以防止有人随意把手动控制器锁紧，致使上面的手动控制器不能正常下滑，处在上部的手动控制器的信号板应及时取下。

在特殊紧急情况下，如抢救受伤或无行为能力的人和孩子时，其他的运载设备如担架、吊篮等同样可以与下滑安全带连接。

导向绳固定点的最低强度见表 8-7：

表 8-7　导向绳固定点的最低强度

绳长，m	压弯，m	抗拉强度，kN	预拉力，kN
30	1.2	12	0.6
60	2.4	13	1
100	4	13	2
150	6	13	3
200	8	14	4

ABS-12 手动控制器：下滑式救生系统，如用于钻井架，须带有额外一个下滑手动控制器。当恶劣的气候条件如降雨、霜冻、海洋环境等使下滑装置出现问题时，此手动控制器将用来做辅助制动器。

手动控制器如同 U 形钳，由制动块、导向块和连接安全带的承重挂钩组成，制造等级高，具有防抱死功能。通过转动手柄来实现调节下滑速度的功能，此过程只需一只手便可以完成，导向块呈圆槽状，有利于滑动，减少对导向绳的摩擦，承重挂钩是通过钢丝绳与手动控制器连接的，挂钩一定要锁紧，防止脱扣。

8.3.5 钻井井架工逃生装置注意事项

（1）RG10D 井架工逃生装置在使用下滑距离达到 1000m 时必须检查维护 1次，或至少每年应检查维护 1 次，以防止零部件损伤或运行不灵活，延误逃离危险区，使逃生者存在生命危险。

（2）手动控制器始终处在上、下两个固定点处，必须与缓降器配合使用，如不用缓降器，下滑速度将不可控制，易造成使用人员的恐惧，引起导向绳或手动控制器的过载。导向绳的松紧程度要通过花篮螺栓调节，导向绳不能绷得太紧，要比井架绷绳松一些，避免导向绳承受井架晃动产生的拉力而损坏。

（3）下部手动控制器的信号板要始终卡在导向块和制动块之间，以防止有人随意关紧下部手动控制器，致使上部的逃生人员不能顺利下滑，为保证上部手动控制器处在正常使用状态，上部手动控制器的信号板不能卡在导向块和制动块之间。

（4）注意保护缓降器，不要与水和油品接触，不能受到其他硬件的挤压、碰撞，不能使缓降器变形，安装缓降器时散热孔要打开，以防止使用频繁导致缓降器过热，损坏装置。

（5）禁止钢丝绳与任何锋利物品、焊接火花或其他对钢丝绳有破坏性的物品接触，不可把钢丝绳用作电焊地线，或用来吊重物，钢丝绳要注意维护，防止钢丝绳由于受到挤压、弯折等不能正常通过手动控制器或缓降器。

（6）逃生装置不可接近火源，切勿接近酸碱等腐蚀性液体和油品。

（7）每次使用完毕后，应对逃生装置认真检查，如果发现有部件或钢丝绳损坏，应立即通知专业人员进行更换。

（8）地锚间距要在 4m 左右，不要太近以防止钢丝绳之间的缠绕，或下滑时另一手动控制器碰撞到下滑人员，也不能太远，否则会影响其他工作，可根据现场情况适当调节。

（9）钻井井架工逃井装置只用作紧急逃生，不能在非逃生的情况下使用也不能用作跌落保护装置，不能两人一起或携带重物下滑。

（10）不准私自更换零件，全套装置必须配套使用。

（11）钻井井架工逃井装置应妥善保护，防止被盗、挤压、损坏。

（12）多功能安全带要注意防火，下滑时手动控制器的承重挂钩应挂在腰间的连接环上，一定要锁紧，以防止脱扣。

（13）每年要定期由制造商或正式委托授权的专业人员进行检查维护，非授权人员不得拆卸装置的任何部件。

（14）拆装本装置的人员，必须经过正式培训，新换的井架工和井队安全员使用逃生装置前也应经过正式培训。

（15）井队搬家时，逃生装置要有专人保管，钢丝绳要有序地盘在一起，安装完毕安全员要检查安装是否牢固，各部部件是否完好无损，如发现问题，应立即解决，未解决前禁止使用，对检查情况做好记录。

（16）要注意装置的保养，加油口适当加油，保持整个装置的清洁，整套装置处于完好备用状态。

8.4 钻井作业过程有毒有害气体的安全管理与操作规程

8.4.1 基本概念

（1）高含硫化氢井：地层天然气中硫化氢含量高于 $150mg/m^3$ 的井。

（2）阈限值：所有工作人员长期暴露都不会产生不利影响的某种有毒物质在空气中的最大浓度。硫化氢的阈限值为 $15mg/m^3$。二氧化硫的阈限值为 $5.4mg/m^3$。

（3）安全临界浓度：工作人员在露天安全工作 8h 可接受的硫化氢最高浓度。硫化氢安全临界浓度为 $30mg/m^3$。

（4）危险临界浓度：达到此浓度时，对生命和健康会产生不可逆转或延迟性影响。硫化氢的危险临界浓度为 $150mg/m^3$。

（5）氢脆：化学腐蚀产生的氢原子，在结合成氢分子时体积增大，致使低强度钢和软钢发生氢鼓泡、高强度钢产生裂纹，使钢材变脆。

8.4.2 硫化氢与二氧化硫的性质和安全技术措施

8.4.2.1 硫化氢与二氧化硫的性质与危害

（1）理化性质：硫化氢为无色剧毒气体，具有臭鸡蛋气味，易燃易爆，爆炸极限为 4.3%~45.5%，较空气重，易溶于水。二氧化硫为无色气体，比空气重，具有窒息作用，有硫燃烧的刺激性气味，不可燃，易溶于水和油。

（2）危害：吸入一定浓度的硫化氢对人体的影响：

① 当空气中硫化氢浓度达到 $15mg/m^3$ 时，有令人讨厌的臭鸡蛋气味，眼睛受到刺激。

② 当空气中硫化氢浓度达到 $30mg/m^3$ 时，在暴露 1h 或更长时间后，眼睛有灼伤感，呼吸道受到刺激。

③ 当空气中硫化氢浓度达到 $75mg/m^3$ 时，暴露 15min 或 15min 以上后嗅觉就会丧失；如果时间超过 1h，可能导致头痛、头晕和（或）摇晃；超过 $75mg/m^3$ 将会出现肺浮肿，也会对人员的眼睛产生严重刺激或伤害。

④ 当空气中硫化氢浓度达到 $150mg/m^3$ 时，3~5min 就会出现咳嗽、眼睛受刺激和失去嗅觉的症状；在 5~20min 过后，呼吸就会不正常、眼睛就会疼痛并昏昏欲睡，在 1h 后就会刺激喉道。

⑤ 当空气中硫化氢浓度达到 450mg/m³ 时，会出现明显的结膜炎和呼吸道刺激。

⑥ 当空气中硫化氢浓度达到 750mg/m³ 时，短期暴露后就会不省人事，如不迅速处理就会停止呼吸。

⑦ 当空气中硫化氢浓度达到 1050mg/m³ 时，意识快速丧失，如不迅速营救，呼吸就会停止并导致死亡。

⑧ 当空气中硫化氢浓度达到 1500mg/m³ 以上时，立即丧失知觉，结果将产生永久性的脑伤害或脑死亡。

吸入一定浓度的二氧化硫对人体的影响：

① 当空气中二氧化硫浓度达到 2.7mg/m³ 时，具有刺激性气味，可能引起呼吸改变。

② 当空气中二氧化硫浓度达到 13.5mg/m³ 时，灼伤眼睛，刺激呼吸，对嗓子有较小的刺激。

③ 当空气中二氧化硫浓度达到 32.4mg/m³ 时，刺激嗓子咳嗽，胸腔收缩，流眼泪和恶心。

④ 当空气中二氧化硫浓度达到 270mg/m³ 时，立即对生命和健康生成危险。

⑤ 当空气中二氧化硫浓度达到 405mg/m³ 时，产生强烈的刺激，只能忍受几分钟。

⑥ 当空气中二氧化硫浓度达到 1350mg/m³ 时，只吸入 1 口，就产生窒息感，应立即进行人工呼吸或心肺复苏。

⑦ 当空气中二氧化硫浓度达到 2700mg/m³（1000ppm）时，如不立即救治会导致死亡，应马上进行人工呼吸或心肺复苏。

8.4.2.2　存在硫化氢与二氧化硫的安全技术措施

（1）对于设计中有或可能出现硫化氢的井，所有施工作业人员都应该接受硫化氢气体防护知识的培训。

（2）测、录、固、定等所有相关方人员在进入生产施工作业场所前均应接受硫化氢安全防护教育，主体作业单位应与服务单位签订相关方告知书。

（3）现场禁止使用明火。确需动火时，办理动火作业许可审批。动火作业具体执行 BT. 18.3《动火作业监控管理办法》。

（4）含硫化氢井应至少配备以下安全检测设备和防护设施：

① 在井口、钻台面分别安装 1 个固定式硫化氢气体监测探头和 1 个固定式可燃气体监测探头，在振动筛、循环罐、井场值班房各安装 1 个固定式硫化氢气体监测探头。

② 含硫化氢井现场至少配备便携式复合气体监测报警仪 6 台，坐岗人员、

司钻、内外钳工、生活区管理员各佩戴 1 台，监测报警仪佩挂在腰部以下位置，分别对井口、钻台面、振动筛、循环罐、营区、充气点、正压防爆房进气口等处进行监测。配备便携式二氧化硫气体监测报警仪 2 台，用于点火后二氧化硫气体的监测。

③ 当硫化氢浓度可能超过在用的监测仪的量程时，应在现场准备一个量程达 $1500mg/m^3$（1000ppm）的监测仪器。

④ 在含硫化氢井作业时，陆上钻井队、侧钻队当班生产班组应每人配备 1 套连续工作时间不少于 30min 的正压式空气呼吸器，并配备一定数量的备用气瓶（根据施工所在地井控实施细则要求配备）及至少 1 台充气泵；高含硫井应配备充气泵至少 2 台并适当增加备用气瓶数量。海上钻井作业人员应保证 100% 配备正压式呼吸器。

⑤ 测、录、固、定等配合作业的相关方单位应至少配备 2 台便携式复合气体监测报警仪，作业人员应每人配备 1 套连续工作时间不少于 30min 的正压式空气呼吸器。

⑥ 固定式和便携式复合气体监测报警仪应按要求定期进行校验。在超过满量程浓度的环境使用后或屏幕显示错误时，应重新校验，确保在有效期内使用；设备报警功能的测试至少每天进行 1 次。

⑦ 正压式空气呼吸器附件完好，安装至备用状态，气瓶压力值 28~30MPa，报警哨在 4~6MPa 报警。

⑧ 正压式空气呼吸器应存放在方便、干净卫生且能快速取用的地方，不能上锁，至少每月检查 1 次，检查记录至少保留 12 个月。

⑨ 充气泵放置在上风有电源的安全位置，确保启动时取用安全区域的空气。

⑩ 在钻台上、井架底座周围、振动筛、循环罐上等硫化氢可能聚集的地方，安装排气量不小于 $10000m^3/h$ 防爆鼓风机，以驱散硫化氢，鼓风机设置方向不能朝向人员聚集场所。

⑪ 在高含硫化氢井（硫化氢含量大于 $150mg/m^3$）作业时，现场应配备应急车辆及担架、氧气瓶等急救设施。

（5）井场及钻井设备的布置要求：

① 含硫化氢油气井的大门方向应面向盛行风。

② 井场大小应满足：20 及以下钻机：80m×80m；30 钻机：90m×90m；40 钻机：100m×100m；50 钻机：105m×105m；70 及以上钻机：110m×110m。

③ 井场综合录井房、地质值班房、钻井液化验房、工程值班房等应摆放在井场季节风的上风方向，距井口不小于 30m。锅炉房应置于距井口不小于 50m 的上风方向。

④ 钻井队、侧钻队生活区应设置在距井场 300m 以上、当地季节风的上风或

侧上风位置。

⑤ 正压防爆房进气管线应取用安全区域的空气。

⑥ 在钻台、振动筛、坐岗房等处设风向标，在天车、紧急集合点、放喷口等处设彩旗作为风向标。

⑦ 根据当时的风向和当地的环境，在井场分别设置 2 个紧急集合点，且位置合理，便于逃生。

⑧ 冬季施工，打开含硫化氢油气层前，钻井队、侧钻队应将机房、泵房、循环系统、钻台及底座等处设置的围布拆除。寒冷地区在冬季施工时，对保温设施应采取相应的通风措施，保证工作场所空气流通。

⑨ 辅助设备和机动车辆应尽量远离井口，宜在 25m 以外，进入井场的施工车辆应安装防火帽，非生产用车严禁进入井场，所有施工作业人员不得在发动着的车上睡觉。

⑩ 井场应配备自动点火装置，并备用手动点火器具。需要放喷或经过液气分离器脱气手动点火时，由现场第一负责人指定专人佩戴正压式空气呼吸器，站在上风向距火口距离不少于 10m 的位置点火。点火时，应先点火，后通气。

⑪ 点火装置处由专人坐岗，观察点火情况，确保点火装置保持燃烧状态。

（6）设备配套及物资储备要求：

① 具有抗硫功能的井口防喷器组、节流管汇、压井管汇、内防喷工具、放喷管线、液气分离器、点火装置、燃烧管线等。

② 应储备满足需要的钻井液加重材料和足量的除硫剂（如碱式碳酸锌等）。

③ 为避免氢脆作用，含硫化氢井应选用规格化并经回火的较低强度的管材（如 J55 或 L-80，E 级和 X 级的钻杆）及规格化并经回火的方钻杆，在没有使用特殊钻井液的情况下，高强度的管材（如 P110 油管和 S135 钻杆）不应用于含硫化氢的环境。

④ 在高含硫化氢、高压地层和区域探井的钻井作业中，在防喷器上应安装剪切闸板。

⑤ 应使用方钻杆或顶驱旋塞，并定期活动；在钻具中应加装回压阀等内防喷工具。

⑥ 在钻开高含硫化氢地层前应加入除硫剂，将钻井液的 pH 值维持在 9.5~11。

⑦ 井控装备现场试压结果应与设计和井控细则要求相符合，按设计或所在油区井控实施细则要求安装井控装置，并试压合格，按规定定期进行维护保养。投入使用时间超过 7 年的防喷器不能在高含硫化氢井现场使用。

（7）在钻井工程设计中，至少有以下要求：

① 对含硫化氢油气层上部的非油气矿藏开采层应下套管封住，含硫化氢油

气层以上地层压力梯度相差较大也应下套管封住。

② 高含硫化氢地区可采用厚壁钻杆。

③ 钻开含硫化氢地层的设计钻井液密度的安全附加密度在规定的范围（油井 $0.05 \sim 0.10 \text{g/cm}^3$，气井 $0.07 \sim 0.15 \text{g/cm}^3$）时应取上限值；或附加井底压力在规定的范围（油井 $1.5 \sim 3.5 \text{MPa}$，气井 $3 \sim 5 \text{MPa}$）时应取上限值。

④ 在钻开含硫化氢地层前 100m，应将钻井液的 pH 值调整到 9.5 以上直至完井。

⑤ 禁止在含硫化氢油气地层进行欠平衡钻井。

（8）钻井施工作业的验收要求：

钻井队、侧钻队钻开含硫化氢油气层前经自查自改后，按职责逐级申报上级主管部门验收，依据验收细则逐项检查合格后，方可施工作业。

（9）钻进作业过程控制要求：

① 钻进过程中发现硫化氢，现场第一负责人要向公司主管部门汇报，钻井液要及时补充除硫剂以增加钻井液的除硫效果，并提高钻井液密度。地质录井要加密测量钻井液中的硫化氢含量。

② 钻井过程中发现全烃值不小于 9% 且含有硫化氢时要停止钻进，关井节流循环排气。

③ 钻进过程中发现溢流且钻井液中含有硫化氢，应关井节流循环排气。

④ 钻进时要安排专人坐岗，坐岗人员要佩戴便携式复合气体监测报警仪。

（10）起下钻作业过程控制要求：

① 起钻前要确认钻井液中不含硫化氢，并确认井内钻井液密度能平衡地层压力，井口、钻台无硫化氢显示方可进行起钻作业。

② 起下钻要有专人坐岗观察，井口操作人员和坐岗人员要佩戴便携式复合式气体监测报警仪。

③ 在打开含硫化氢地层起钻时要注意有无抽汲现象，如发现抽汲要开泵循环观察有无溢流、井口及钻井液出口槽有无硫化氢显示。

④ 起下钻时发现溢流要及时关井观察，并测量有无硫化氢。

（11）完井作业过程控制要求：

① 含硫化氢井完钻电测、下套管、固井前要确定井筒内的液柱压力能平衡地层压力。

② 高含硫化氢井在下套管前应更换相应尺寸的闸板芯子。

③ 电测、下套管、固井过程中要安排专人坐岗观察，坐岗人员要佩戴便携式复合式气体监测报警仪，发现溢流及时汇报，当班司钻要组织班组人员立即关井。

④ 电测时要采用具有防硫功能的仪器及电缆。

⑤ 固井水泥浆体系要加入抗硫外加剂，提高水泥浆的抗硫性能。

（12）特殊作业过程控制要求：

① 钻井取心作业时，当岩心筒到达地面或出心时，应提前用便携式复合气体监测报警仪检查大气中硫化氢浓度，确认低于安全临界浓度之前，作业人员应佩戴正压式空气呼吸器。

② 弃井作业时，用水泥将产生或可能产生危险浓度硫化氢的整个地层封死，并按有关规定和程序实施弃井作业。

（13）对可能遇有硫化氢的作业井场应有明显、清晰的警示标志，并遵守以下要求：

① 井处于受控状态，但存在对生命健康的潜在或可能的危险，硫化氢浓度小于 $15mg/m^3$（10ppm），应挂绿牌。

② 对生命健康有影响，硫化氢浓度在 15（10）~ $30mg/m^3$（20ppm）之间时，应挂黄牌。

③ 对生命健康有威胁，硫化氢浓度大于或可能大于 $30mg/m^3$（20ppm）时，应挂红牌。

（14）现场应保持通信系统 24h 畅通。

（15）在钻开预测含硫化氢地层 100m 前，现场每个班组应至少开展 1 次全员参加的综合应急演练。打开含硫化氢地层以后每个班组每周应进行 1 次防硫化氢应急演练，并保存演习记录。

8.4.3　气体检测设备的安全操作规程

8.4.3.1　气体检测设备使用前的检查

（1）检测设备使用人必须事先掌握检测设备的用途、工作原理、适应范围、主要技术参数、安全注意事项，禁止随意改变电路电气参数及设备元件规格、型号，禁止随意调整设备报警点。

（2）检测设备使用前应事先安装好电池，安装电池应在清洁环境下进行，严禁在气体泄漏场所更换或安装电池。

（3）检测设备传感器和仪器应注意防水、防尘，禁止撕毁检测设备上的防水、防尘膜片。

（4）所有气体检测设备均应粘贴国家认可的质量检验单位出示的检测合格证。

8.4.3.2　气体检测设备的操作程序

（1）长按开关键（一般为"OK"键），使之从 3 开始倒数，开启检测仪。

（2）检测设备经一段时间自检后显示检测气体名称，显示高低报警限值，直至检测系统正常、稳定工作。

（3）检测设备应别在工作服上衣口袋或衣袖口袋外，禁止放在口袋里或身后等人眼看不到、噪声环境听不到的地方。

（4）进入工作环境时，设备会自动检测环境待检气体浓度，使用人检测有害气体时应站在气体飘移的上风侧。

（5）检测设备关机时应同时长按"+"和"OK"键，使之从3开始倒数，关闭检测仪。

8.4.3.3　气体检测设备使用中的注意事项

（1）检测设备使用的工作环境要求：

工作环境温度：$-10 \sim 55℃$；相对湿度：$10\% \sim 95\%$；环境压力：$(0.8 \sim 1.1) \times 10^5 Pa$。

（2）电池电量不足，发出更换信号时，使用者应及时更换电池，当检测设备长期不用时应关机，取下电池。

（3）使用时应注意检测设备有效打开且无堵塞，禁止长时间在高浓度环境中使用检测设备，禁止在超出 55℃的高温工业炉内使用检测设备。

（4）当检测数值超过上下值报警时，操作人员应立即离开检测环境，并查明原因，禁止关闭设备继续作业。

（5）设备出现故障时应退出作业环境，更换新的检测设备，禁止通过摔、拍、打或乱调乱按等方式调整设备。

8.4.3.4　气体检测设备使用结果的记录与处理

（1）检测人员应及时对设备检测数据进行记录。

（2）一氧化碳检测数据控制在 $0 \sim 2500 mg/m^3$，氧气检测数据控制在 $0\% \sim 25\%$（单机，体积比），硫化氢检测数据控制在 $0 \sim 150 mg/m^3$，可燃气检测数据控制在 $0\% \sim 100\%$（LEL%）。

（3）检测设备检测数据不可取代分析结果作为动火依据，仅供参考和提示作业人员或进入危险场所人员所处位置的危险性。

第9章 钻井井控监督管理与现场检查

9.1 钻井工序检查内容

9.1.1 一开前检查

9.1.1.1 钻井资质

（1）民营队伍必须持有工程技术部签发的有效资质证，中国石油、中国石化队伍必须持有中国石油天然气集团公司签发的有效资质证。

（2）施工许可证：民营队伍必须持有生产运行处签发的有效生产许可证。

9.1.1.2 生产岗位人员

（1）人员数量：

气田钻井队生产岗位人数不少于34人，油田钻井队生产岗位人数不少于27人。

（2）井控持证：

应持证人员为井架工以上岗位人员。中国石油钻井队持中国石油单位颁发的有效井控培训合格证；中国石化及民营钻井队持长庆油田公司颁发的有效井控培训合格证。

9.1.1.3 钻井主要设备

（1）井架及底座有无严重变形和损伤。

（2）设备载荷匹配。

天车、游车、大钩：型号、载荷与绞车、井架相匹配，20型钻机井架、游动系统最大钩载为1350kN；30型钻机为1700kN，40型钻机为2250kN（含32型钻机）（表9-1）。

表9-1 各种钻机游动系统设备匹配情况

	15型钻机	20型钻机	30型钻机	40型钻机	50型钻机	70型钻机
绞车	JC15	JC20	JC30	JC40（含大庆130）	JC50	JC70
井架	JJ90	JJ135	JJ170	JJ225	JJ315	JJ450

	15 型钻机	20 型钻机	30 型钻机	40 型钻机	50 型钻机	70 型钻机
天车	TC90	TC135	TC170	TC225	TC315	TC450
游车	YC90	YC135	YC170	YC225	YC315	YC450
大钩	DG90	DG135	DG170	DG225	DG315	DG450
水龙头	SL90	SL135	SL170	SL225	SL315	SL450

当游动系统、绞车、井架不匹配时，按照其中的最小载荷进行钻机编号。

（3）防护装置完整性：

钻台、二层台、天车头、配浆罐护栏齐全，井架扶梯、笼梯齐全并固定牢靠，钻机、钻井泵、传动链条、柴油机飞轮、万向轴等部位护罩齐全。

9.1.1.4　钻井井场及钻前道路

钻井井场及钻前道路按照《钻井井场及钻前道路施工规范》验收。

9.1.1.5　设备摆放

（1）钻井主要设备摆放在实基上，井口处在 30m×30m 的实基上，其余设备按现场要求摆放；

（2）在沙漠、沼泽地段必须对摆放井架、设备基础处进行"三合土"压实处理或打混凝土地基，以达到施工要求。

9.1.1.6　工程设计

（1）钻井工程设计在开钻前到位。

（2）钻井工程设计有审批。

（3）变更设计应审批。

9.1.2　二开前检查

9.1.2.1　井控设备

（1）井控设备生产厂家：

以长庆油田公司工程技术部每年发布的文件为准。

（2）检修结果及日期：

气井每半年检修 1 次，油井每 1 年检修 1 次，并出具检修报告。实施压井作业的井，完井后必须进行检修。

（3）井控设备安装：

封井器、四通、底法兰、节流、压井管汇、内防喷管线、放喷管线、远程液压控制台等按照《长庆油田石油与天然气钻井井控实施细则》要求配置、安装。

（4）现场试压结果：

钻井队二开前对井控设备按照井控实施细则要求进行试压，试压结果由钻井队和监督现场签认。井控设备试压标准见表 9-2。

表 9-2 井控设备试压标准

	$\phi 244.5mm \times 8.94$ 表层套管	$\phi 273mm \times 8.89mm$ 表层套管
14MPa 井控设备	14MPa	14MPa
21MPa 井控设备	19MPa	17MPa
35MPa 井控设备	19MPa	17MPa

注：其他非 API 套管试压标准取其抗内压强度的 80% 和井控设备额定工作压力的最小值。

工程技术管理部和监督单位对施工单位试压结果有异议的井，可采用试压车试压的方式进行复检。

9.1.2.2 表层井身质量

（1）复查表层测斜数据及井身质量依据《钻井工程质量标准（2011 年修订版）》和《钻井工程质量及管理违约处罚细则（2011 年修订版）》处理。

（2）防碰图。

① 防碰图采用坐标纸，作图比例为 1 ∶ 100；

② 核对大门方向；

③ 本井和邻井测斜数据标注准确。

9.1.3 打开油气层验收

9.1.3.1 井控验收

（1）井控预案检查。

井控应急预案应包括以下内容：

① 井控管理组织机构；

② 机构成员分工及职责；

③ 发生险情的应急响应程序；

④ 内外部应急资源（加重材料储备库，消防、医疗、公安单位通信联络方式）。

（2）井控演习次数：

每班组每月各种工况下的井控演习不少于 1 次，夜间也应安排防喷演习。此外，各次开钻前、特殊作业（取心、测试、完井作业等）前，都应进行防喷演习。

（3）坐岗记录：

检查是否建立坐岗记录并有专人坐岗，坐岗数据是否真实有效。

（4）打开油气层申报审批：

检查是否在打开油气层前按要求申报审批。

（5）压井材料储备数量：

按设计要求配备足够数量的压井材料。

9.1.3.2　工艺堵漏

（1）在钻开第 1 个气层前 50～100m 进行工艺堵漏；

（2）堵漏配方及注入量执行设计要求；

（3）堵漏后井口显示压力应大于 6MPa 以上。

9.1.3.3　钻井液

（1）钻井液体系转换：

在进入油气层前 100m 停止加入大分子聚合物，将钻井液转化为低固相、低滤失量的聚合物完井液。

（2）钻井液性能测量：

① 钻井监督亲自测量转换后钻井液性能是否达到设计要求；

② 油井打开目的层钻井液密度不大于 $1.05g/cm^3$，其中超前注水区块，三叠系油层钻井液密度不大于 $1.08g/cm^3$，气井打开目的层钻井液密度不大于 $1.08g/cm^3$；

③ 地层压力系数大于 1.0、发生井涌的区块，在目前地层压力当量密度的基础上附加 $0.05～0.10g/cm^3$；

④ API 失水不大于 8mL。

9.1.4　完井作业监督

9.1.4.1　井身质量

依据测井连斜图资料，统计直井段最大井斜及对应井深、斜井段最大连续三点全角变化率、中靶半径，按照《钻井工程质量要求及验收标准》进行验收，依据《钻井处罚细则》进行处理。

（1）直井段最大井斜。

直井段最大井斜描述的是直井段的井身质量，包括井斜角（°）、全角变化率（°/30m）和水平位移（m），见表 9-3。

表 9-3　直井及定向井直井段井身质量

井　段，m	井斜角，（°）	全角变化率，（°）/30m	水平位移，m
H<1000	≤2	≤2.1	≤20

续表

井　段，m	井斜角，（°）	全角变化率，（°）/30m	水平位移，m
1000≤H<2000	≤3	≤2.7	≤30
2000≤H<3000	≤5	≤2.7	≤40
3000≤H<4000	≤7	≤3	≤60
4000≤H<5000	≤9	≤3	≤70

（2）全角变化率（连续三点即 90m 井段）：

造斜段和扭方位井段不大于 5°/30m，其他斜井段的全角变化率不大于 2°/30m。

（3）油气层中靶情况：

油井常规井中靶半径不大于 30m，气井常规井中靶半径不大于 60m，特殊井按设计执行；

单点（无线随钻）测斜数据中靶，连斜数据脱靶，经测多点中靶，则视为合格；单点（无线随钻）测斜数据中靶，连斜数据脱靶，经测多点脱靶，视为不合格井，施工单位必须填井侧钻。

9.1.4.2　取心质量

取心收获率不小于 95%。

9.1.4.3　下套管

（1）套管丈量、清洗、通内径。

套管按照入井顺序排放整齐，清点套管数量，丈量长度，清洗干净螺纹，垛高不超过 3 层，层间有垫杠，防腐套管有保护措施。套管用油漆进行编号，标识套管附件及扶正器的安放位置，通内径有记录，通径规直径等于套管内径值减 3.18mm，ϕ139.7mm 和 ϕ114.3mm 套管通径规长度不小于 150mm，ϕ177.8mm 套管通径规长度不小于 200mm。

（2）更换防喷器闸板芯。

下套管前更换与套管尺寸相符的封井器闸板芯子。

（3）下套管操作。

密封脂涂抹：均匀涂抹套管专用密封脂，气井必须使用 Castta101 或 TOP101 密封脂。

套管上扣：下套管必须使用双吊卡；油井套管必须双钳紧扣，气井必须用带扭矩仪套管钳。套管余扣不得多于 2 扣；防腐套管上扣后，对损伤部位必须进行补漆；平稳操作，控制下放速度。

（4）灌钻井液及中途循环。

① 灌钻井液装置应结构合理，管线连接安全可靠；

② 正常情况下油井每下 50 根套管灌满钻井液 1 次，气井每下 30 根套管灌满钻井液 1 次；特殊情况要加密灌钻井液次数；

③ 下套管至 1000m 左右必须循环 1 周（避开易垮塌层位）；特殊情况要加密循环次数；

④ 下套管遇阻时，必须上提套管并接方钻杆循环。

9.1.4.4 固井

（1）检查固井设备身份证及人员持证情况。

查验每台水泥车和灰罐车的固井设备身份证，水泥车不少于 2 台，井口工和技术员必须持有井控培训合格证。

（2）查看固井施工设计。

（3）施工连续性：从停止循环钻井液到注前置液中停时间不超过 30min，否则继续进行循环；注前置液、水泥浆、压胶塞、替水、碰压连续。

（4）水泥浆平均密度：执行固井设计要求，水泥浆密度应保持均匀，平均密度与设计密度误差不超过 $0.025g/cm^3$；收集水泥浆密度原始记录。

（5）井口返出情况：查看井口返出有无明显变化，若有漏失，记录漏失时间，顶替结束后，核实漏失量。

（6）碰压及候凝。

碰压：计量顶替；油井 $\phi139.7mm$ 和 $\phi114.3mm$ 套管固井碰压不超过 20MPa（含分级固井）；气井 $\phi139.7mm$ 产层套管固井碰压不超过 25MPa，$\phi177.8mm$ 产层套管固井碰压不超过 30MPa；气井 $\phi244.5mm$ 技术套管固井碰压不超过 25MPa；气井分级固井碰压不超过 25MPa。

候凝：若碰压结束后井口断流，采用开井候凝；若井口不断流，套管内憋压超过管外静压力 2~3MPa 时，关井候凝，井队有专人观察井口压力；关井候凝期间要及时放压，关井压力保持在关井候凝压力范围内。候凝 4h 后，放压断流，则开井候凝；候凝时间至少 48h。

（7）固井质量及水泥返高：检查实际人工井底是否满足设计要求；固井质量合格率 100%。声幅相对值不大于 15% 为优等，不大于 30% 为合格；低密度水泥不大于 40% 为合格；查看填充段固井质量及水泥返高是否达到设计要求。

（8）钻井液浸泡时间：油井不超过 72h，气井不超过 168h，核实钻开油气层至固井结束间的钻井液浸泡时间。除甲方原因和自然原因外，打开油气层钻井液浸泡时间超标，应在工序签认表中注明原因，并按照《固井处罚细则》进行处罚。

9.1.4.5　试压

油井固井正常情况下，碰压后继续打压至 20MPa，稳压 10min，压降小于 0.5MPa，视为试压合格；油井若不能实现碰压、稳压 1 次成功，则需候凝 48h 后测完三样进行试压，试压压力 20MPa，稳压 30min，压降小于 0.5MPa；气井装好井口，候凝 48h 后，测完三样进行试压。除 ϕ177.8mm 产层套管（未使用分级箍固井）试压至 30MPa，其余套管串试压到 25MPa，稳压 30min，压降小于 0.5MPa。

9.1.4.6　完井井口

油井完井井口：完井井口平正，封固可靠，套管接箍上端面高出井场平面（0.3±0.1）m，使用厚度不小于 40mm 的环形钢板，环形钢板外圆周与表层套管焊牢在一起，油层套管必须坐在环形钢板上，按规定戴好护帽。护帽、环形钢板上必须焊上井号字样，字迹整齐清楚、大小为 40mm×40mm 的方块字体，保证不脱落。图 9-1 所示为油井完井井口示意图。

完井井口管外不气窜、水窜；井口四周水泥砂浆打平、打实，井口无晃动；大小盖帽戴好并且焊接牢固，丛式井各井口平齐，高低一致；井场做到工完料净，大小鼠洞填平，井场平整。

气井完井井口：水泥凝固 12h 以后安装卡瓦式简易套管头；卡瓦所承受吨位在 30~50t；卸去联顶节后清洗套管及底法兰内螺

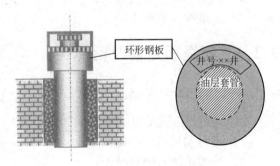

图 9-1　油井完井井口示意图

纹，并均匀涂抹 Castta101 或 TOP101 密封脂；安装支撑套，将螺纹调整到最低位置；将双公短节及底法兰手工引扣，再用上扣法兰接钻杆引至转盘面后，用带扭矩仪的套管钳上扣至规定扭矩；上紧支撑套丝杆，顶紧底法兰；回填井口。

9.2　钻井安全生产检查内容

9.2.1　设备摆放安全距离

（1）防喷器控制系统安装在面对井架大门左侧、距井口不少于 25m 的专用活动房内，并在周围留有宽度不少于 2m 的人行通道，周围 10m 内不得堆放易燃、易爆、腐蚀物品。

（2）锅炉房与井口相距不小于 50m；发电房、储油罐与井口相距不小于 30m；储油罐与发电房相距不小于 20m。

9.2.2 仪器仪表

9.2.2.1 指重表

指重表应满足以下要求：

（1）液压传感器液压油充足；

（2）指针灵敏。

9.2.2.2 压力表

压力表应满足以下要求：

（1）量程达到要求；

（2）压力表必须进行效验；

（3）无破损，表面干净。

9.2.3 死绳固定器及活绳头

9.2.3.1 死绳固定器

死绳固定器应满足以下要求：

（1）型号与钻机相匹配；

（2）外观不能有明显损伤；

（3）挡绳杆齐全；

（4）固定螺栓齐全，双螺母防松，加平垫圈，连接件不能有明显损伤与锈蚀；

（5）死绳固定器底面与安装底板贴合良好；

（6）绳头卡板固定牢靠，螺栓齐全，并有备帽防松；

（7）安装位置不能随意更改；

（8）钢丝绳缠绕满圈。

9.2.3.2 活绳头固定

活绳头固定应满足以下要求：

（1）使用专用绳卡，螺栓齐全，双螺母防松；

（2）绳头适当留有余量，不能散股；

（3）当吊卡坐在转盘面时，绞车滚筒上的钢丝绳不少于 12 圈。

9.2.4　防碰天车

配备重锤式或过圈阀式防碰天车装置，灵敏可靠，能有效刹车并切断总离合器。

9.2.5　逃生装置

配备、安装二层台逃生装置。

9.2.6　劳保用具

人员劳保用具穿戴齐全、着装统一。

9.2.7　消防器材

（1）规格及数量：井场消防器材应配备推车式 MFT35 型干粉灭火器 4 具、MFZ 型 8kg 干粉灭火器 10 具、5kgCO_2 灭火器 7 具、消防斧 2 把、消防钩 2 把、消防锹 6 把、消防桶 8 只、消防毡 10 条、消防砂不少于 4m^3、消防专用泵 1 台、ϕ19mm 直流水枪 2 只、水罐与消防泵连接管线及快速接头 1 个、消防水龙带 100m。

（2）消防器材要定人定岗管理，定期检查保养，严禁挪作他用。

（3）井场集中放置的消防器材，摆放在指定地点或消防器材房内。

9.2.8　电路及电器安装

9.2.8.1　电路电器安装

（1）井场供电线路跨度大时必须架设在专用电线杆上，架设高度不低于 3m，线路易磨损处、供电线路进入各种活动房时，入户处要加绝缘护套；

（2）钻台、井架、循环系统、机泵房、油罐区等必须使用防爆电器，井场电力线路要分路控制；

（3）远程控制台，探照灯电源线路应在配电房内单独控制；

（4）电力线路宜采用防油橡胶电缆，不得裸露，不得搭铁，不得松弛，不得交叉和捆绑在一起，不能接触、跨越油罐和主要动力设备；

（5）使用通用电器集中控制房或 MCC（电机控制）房，地面使用电缆槽集中排放。

9.2.8.2　防火防爆

（1）井场严禁吸烟，需要使用明火及动用电气焊前，办理动火手续、落实防火防爆安全措施，方可实施；

（2）柴油机排气管不面向油罐、不破漏、无积炭，安装冷却灭火装置；

（3）钻台上下、机泵房周围禁止堆放杂物及易燃易爆物，钻台、机泵房下无积油；

（4）井口有天然气时，禁止铁器敲击。井场工作人员穿戴"防静电"劳保护具；

（5）放喷管线出口不应正对电力线、油罐区、宿舍、值班室、工作间及其他障碍物等。

9.2.9　有毒有害气体检测仪

（1）配备便携式有毒有害气体监测仪 3 套以上。

（2）每年进行 1 次标定与检验。

9.2.10　正压式空气呼吸器

（1）油井不少于 2 套，天然气井不少于 6 套。

（2）气瓶压力不足时应及时补充。

9.2.11　安全标志、警示牌、安全警戒线

（1）含有毒有害气体油气井在井场入口、钻台、振动筛、远控房等处设置风向标，其中 1 个风向标应挂在正在场地上的人员以及任何临时安全区的人员都能容易看到的地方。

（2）在井场入口处设置"必须穿工衣""禁止非工作人员入内""进入井场禁带手机、火种""必须穿工鞋""严禁吸烟"标志。

（3）在井场设置"停车场""紧急集合地点"标志。

（4）在上钻台处设置"注意安全""必须戴安全帽""必须系安全带""必须穿工衣""当心机械伤人""当心地滑""当心触电""必须戴安全眼镜""必须戴手套""严禁吸烟"等标志。

（5）在钻台逃生滑道处设置"紧急逃生装置"标志。

（6）在振动筛处设置"严禁吸烟""当心触电"标志。

（7）在油罐区设置"严禁烟火"标志。

（8）在泵房处设置"高压危险"标志。

（9）在配电房处设置"高压危险，不得靠近""当心触电"标志。

（10）在发电房处设置"当心触电"标志。

（11）在远控房处设置"危险，该机械能自动启动""注意，只允许指定人

员操作”标志。

（12）在自动压风机处设置“危险，该机械能自动启动”标志。

（13）在有毒有害场所设置“当心有毒有害气体中毒”标志。

（14）在管具区域、钻井液坑设置安全警戒线。

（15）井场前后区域各设立 1 个紧急集合点，在井场布局图中标注“逃生路线”。

9.2.12　井场环保

（1）钻井液坑、池用防渗布双层铺设，接口用万能胶或塑胶相接，不能有窜口、开口或开裂，坑底压实、平展。四周打防溢坝，边缘拉隔离彩带。

（2）井口周围、钻井液槽、排液槽：井口用水泥回填压实，不晃动，井口与井架底座、水柜之间用防渗布单层铺设或打水泥面，井口排水沟畅通，不积水。钻井液槽、排液槽前高后低，液体不外溢，用防渗布单层铺设或打水泥面。

（3）发电机、油罐底座：用防渗布单层铺设，防渗布不能有接口，不能渗漏油水，油罐四周打防溢坝体。

（4）垃圾坑：挖于井场外缘，坑内四周用防渗布单层铺设、压实，便于填埋。

（5）化工、药品：要下铺、上盖，分类堆放，堆放整齐，四周有排水沟槽，并挂牌；压井材料要堆放在距配钻井液罐较近的地方，便于快速加重。

（6）钻井泵泵房、井场：用防渗布单层铺设或打水泥面，有排水、排污沟槽，夏季井场合理挖设防洪渠。

9.3　钻井工程相关质量标准

9.3.1　下套管作业

（1）完钻井深、表层套管下深、油层套管下深、套管串结构、短套管位置、人工井底等执行地质设计和工程设计；

（2）乙方负责从甲方指定地点拉运套管至作业现场，对常规套管乙方必须按照 SY/T 5396—2012《石油套管现场检验、运输与贮存》进行现场质量检验，对新型套管乙方必须按照相关标准进行现场质量检验，资料记录齐全、准确、有效；入井时进行外观检查后，方可下井。特殊螺纹套管按《特殊扣套管的检验、拉运和管理使用办法》执行；

（3）施工单位提供的套管附件必须经油田公司工程技术管理部检验认可“备案”后，方可使用；

（4）套管作业严格按照 SY/T 5412—2016《下套管作业规程》执行。气井使用带扭矩记录仪的套管钳按标准扭矩上扣至规定扭矩，扭矩记录齐全有效，现场提供资料，监督验收；必须使用符合标准的套管螺纹脂，特别是气井产层套管所用螺纹脂必须是经油田公司工程技术管理部检验认可"备案"的产品。

9.3.2　固井作业

（1）为了确保地层的承压能力能够满足固井时防漏及打开气层时安全钻井的需要，在进入石盒子组气层前必须按工程设计要求进行钻井液转化和工艺堵漏；

（2）固井所用水泥、外掺料、外加剂及水泥浆配方必须经油田公司工程技术管理部检验认可"备案"后，方可使用；

（3）要用现场固井用水对产层段所用水泥配方进行复核实验；

（4）纯水泥浆失水不大于 200ml；

（5）水泥返高执行地质设计和工程设计。

（6）套管附件安放位置及数量执行单井工程设计。

9.3.3　水泥环质量检测

（1）水泥环质量检测应以声幅（CBL）为准。声幅测井要求测至水泥面以上 5 个稳定的接箍讯号，讯号明显，控制自由套管声幅值在 8~12cm（横向比例每厘米 50mV 即 400~600mV）。而在百分之百套管与水泥胶结井段声幅值接近零线，曲线平直，不能出现 2mm 负值。测量后幅度误差不超过±10%，测速不超过 2000m/h。凡水泥浆返至地面的井和尾管井，测声幅前在同尺寸套管内确定钻井液声幅值。

（2）常规密度水泥声幅相对值不大于 15% 为优等，不大于 30% 为合格。对低密度水泥，声幅值不大于 40% 为合格。

（3）经声幅测井，其质量不能明确鉴定时，可用变密度（VDL）等其他方法鉴定。

（4）正常声幅测井应在注水泥后 48h 后进行，特殊井（尾管、分级箍、长封固段、缓凝水泥等）声幅测井时间依具体情况而定。

（5）油井声幅曲线必须测至人工井底以上 2~5m，气井测至最低气层底界以下 30m。

9.3.4　井控要求

（1）严格执行《石油与天然气钻井井控规定》中油工程字〔2006〕（247号）、《长庆油田石油与天然气钻井井控实施细则》和《中国石油长庆油田分公司井控安全管理办法》的文件。

（2）执行工程设计中有关井控的要求。

（3）长庆油田有关质量和安全的规定文件，都视为井控要求的内容。

9.3.5　完井井口及井筒质量要求

（1）确保井筒畅通，满足井下作业要求。

（2）试压。

采油井在 15MPa（注水井 20MPa）下试压 30min 压降小于 0.5MPa。试压时甲乙双方到场并办理相应手续。

天然气井管串中无分级箍时在 30MPa 下、有分级箍时在 25MPa 下，试压 30min 压降小于 0.5MPa。试压时监督、钻井队、试压服务队三方到场，并出具合格的试压曲线图。

（3）完井井口。

油井：油层套管环形铁板厚度不小于 40mm。油层套管上端面高出井场平面，但不超过 200mm；油层套管带井口帽或丝堵，大井口帽和环形钢板焊接牢固；环形钢板和大井口帽上均焊井号和施工队号。

天然气井：洗净螺纹并合扣，合格后均匀涂抹特殊螺纹密封脂（catts101），人力旋紧后用大钳紧扣至上扣扭矩，特殊扣螺纹上到标记处。井口盖板焊井号、队号；6 条螺栓对称上紧，将螺帽固定死在螺杆上；园井填土至底法兰处。

（4）井口平正，封固可靠；管外不出水，井场无油污；大小鼠洞填平，井场周围环境无污染。

9.3.6　固井材料质量

（1）所有入井的表层套管、技术套管以及水泥、水泥添加剂等应持有具有检验资质的检验机构出具的检验合格证书，并在入井前送甲方审查。

（2）所有与工程质量有关的材料未经甲方许可不得入井。

（3）甲方对乙方使用的与工程质量有关的材料进行检查，并公布质检结果，对使用不合格产品者按危害程度进行处理。

9.4　水平井钻井监督要点

9.4.1　开钻前监督要点

开钻前，钻井监督应参与开钻验收，并重点按以下要求和提示对相关事项进行逐项检查，确认和记录检查结果。对不符合项提出限期整改意见或建议，并跟踪整改。

9.4.1.1　钻井资质

施工单位必须持有集团公司或长庆油田公司颁发的资质证书。

9.4.1.2　人员及持证

钻井队岗位人数、井控及 HSE 持证必须符合《长庆油气区地方钻井队伍设备设施配置基本要求》及《长庆油田石油与天然气钻井井控实施细则》要求。

9.4.1.3　井场及道路

井场及道路严格执行《长庆油田钻井井场及钻前道路修建规范（暂行）》。

9.4.1.4　设备配备及安装

钻井主体设备配备、安装符合《长庆油气区地方钻井队伍设备设施配置基本要求》《长庆油田石油与天然气钻井井控实施细则》及单井《钻井工程设计》。

9.4.1.5　井场电路及安全防护器材

电器设备及电路安装达到防爆要求，气体检测仪、正压式空气呼吸器配备数量符合《长庆油气区地方钻井队伍设备设施配置基本要求》及《长庆油田石油与天然气钻井井控实施细则》要求。

9.4.1.6　工程设计及审批

工程设计到位，审核及审批人签字齐全。

9.4.2　钻（完）井过程监督要点

开钻后，现场监督应在熟悉《钻井工程设计》《长庆油田石油与天然气钻井井控实施细则》等文件和规定的基础上，按照工序特点和要求实施监督，确保水平井工程质量和施工安全。

（1）测斜：严格检查表层段及二开直井段井斜和测量间距。

（2）井控设备及套管头：防喷器及气体检测仪必须在检测有效期内，各法兰连接规范，管汇闸阀开关状态正确，挂牌与实际开关状态一致，管汇高低量程压力表齐全；防泥伞及手动锁紧杆安装正确；防喷器安装完成后必须按设计进行试压；除气器、液气分离器及直读式液面标尺按设计要求配备并能正常使用；防喷器闸板芯子与作业管柱尺寸必须匹配；内防喷工具配备数量、检测、放喷管线固定及长度符合井控细则要求；套管头必须按照产品规范和使用要求进行安装等。如果达不到以上要求，钻井队不能施工。

（3）固控设备：振动筛、除砂器、除泥器及离心机要配备齐全并能正常使用。

（4）地层破裂压力试验：二开后必须进行地层破裂压力试验，做好压力曲线，明确地层破裂压力值。

（5）工艺堵漏：钻穿刘家沟组后必须进行工艺堵漏，准确记录堵漏浆的挤入量及地层承压能力。

（6）定向仪器及工具：定向仪器及工具必须配备备用件。

（7）入窗参数：确认入窗的地层、井深、垂深、井斜、方位等。

（8）井身质量：现场及时收集原始测斜数据，核实斜井段及水平段全角变化率。

（9）加重材料及加重钻井液：按相关要求，现场储备足量的加重材料和加重钻井液。

（10）防喷演习：打开目的层前，防喷演习的工况和次数必须达到井控细则要求。

（11）应急预案：必须制定单井井控应急预案，要求内容具体、重点突出，有针对性。

（12）井控坐岗：钻井队必须配备井控坐岗房，坐岗设备及仪器要能正常使用。

（13）套管：根据设计核实送井套管的厂家、钢级、壁厚、扣型，钻井队必须认真编排套管串、清洗螺纹、通内径。

（14）套管附件：严格检查送井的浮箍、浮鞋、分级箍、套管头、扶正器、管外封隔器等附件，查验出厂检验合格证。

（15）井控验收：打开气层前，承包商验收合格后向项目组申报，再由项目组和监督部组织井控验收，合格后方能打开气层。

（16）通井：技术套管和生产套管下井前必须通井，以保证后续作业顺利进行。

（17）下套管：下套管队伍必须持有"下套管服务许可证"，下套管过程中严格按照设计推荐的扭矩上扣、现场打印扭矩记录。

（18）管串：核查完钻井深、套管下深、短套管位置、扶正器数量及加放位置。

（19）固井：固井前设计必须到位，钻井液性能要调整到固井设计要求，固井作业过程中要现场测量并记录水泥用量、水泥浆密度、碰压压力、候凝方式，测完井后及时查看声幅图，并按设计要求对管串进行试压。

（20）井口：钻井作业结束，钻井队下光油管前更换好油管防喷器，下油管作业结束后安装采气井口，确保井口安全。

附件1 集团公司石油与天然气钻井井控检查表

附表1-1 _____油（气）田钻井井控合格证持证情况统计表

年　月　日

单　位	应持证岗位人数	已持证人数	持证率%	应持证人员岗位
管理（勘探）局机关				主管钻井工作的局领导、相关部门处级领导和技术人员
管理（勘探）局二级单位机关				经理、主管钻井生产和技术的副经理、正/副总、工程师及负责现场生产和安全工作的技术人员
井控车间				技术人员和现场服务人员
钻井队				钻井监督、正/副队长、指导员（书记）、钻井工程师（技术员）、安全员、大班司钻、正/副司钻和井架工、坐岗工
专业化技术服务公司				欠平衡钻井、固井、现场地质技术人员、综合录井、钻井液、取心、定向井等公司（队）技术人员和主要操作人员
设计单位				钻井设计人员
管理（勘探）局小计				
油（气）田分公司机关				主管钻井或勘探开发工作的分公司领导、相关部门处级领导和技术人员
油（气）田分公司二级单位机关				指挥、监督钻井现场生产的领导干部、技术人员
钻井监督、地质监督、测井监督				钻井监督、地质监督、测井监督
设计单位				钻井工程、地质设计人员
油（气）田分公司小计				
油（气）田合计				

管理（勘探）局主管部门（签字）：　　　　　检查人（签字）：　　　　　检查组组长（签字）：

油（气）田分公司主管部门（签字）：

附表1-2 _____管理（勘探）局钻井主要井控装备统计表

年　月　日

防喷器公称通径mm（in）	压力等级MPa	防 喷 器				合　计
		环形防喷器	双闸板防喷器	单闸板防喷器	旋转防喷器（旋转控制头）	
539.8（21¼）	14					
	21					
	小计					

续表

防喷器公称通径 mm（in）	压力等级 MPa	环 形 防喷器	双闸板 防喷器	单闸板 防喷器	旋转防喷器 （旋转控制头）	合　计
346.1 （13⅝）	35					
	70					
	105					
	小计					
279.4 （11）	21					
	35					
	70					
	105					
	小计					
228.6 （9）	21					
	35					
	70					
	小计					
179.4 （7¹⁄₁₆）	21					
	35					
	70					
	小计					
其　他						
合　计						

受检单位主管部门（签字）：　　　　检查人（签字）：　　　　检查组组长（签字）：

附表1-3　　　　管理（勘探）局钻井主要井控装备统计表

年　　月　　日

节流管汇

压力等级 MPa	14	21	35	70	105	合计
数量，套						

压井管汇

压力等级 MPa	14	21	35	70	105	合计
数量，套						

防喷器控制系统（防喷器远程控制台）

型　　号		合　计
数量，台		

井控辅助设备、工具

名　　称	数量，台、套
上下旋塞	

续表

名　　称	数量，台、套
各类型止回阀	
液面监测装置	
除气器	
液气分离器	
有害气体监测仪	
自动点火装置	
井筒补液系统	

受检单位主管部门（签字）：　　　　检查人（签字）：　　　　检查组组长（签字）：

附表1-4　油（气）田分公司职能管理部门检查内容

_____油（气）田分公司　　　　　　　　　　　　　年　　月　　日

序号及项目名称	检查（项目）内容	情况详细具体描述
一、组织机构及职责	1. 是否建立局级井控管理组织机构？若建立提交文件。 2. 是否建立井控分级管理网络？是否明确各级井控岗位职责？ 3. 对集团公司上一年度安全环保座谈会精神落实情况。 4. 对集团公司一系列井控工作的文件特别是关于加强"三高"地区井控工作文件的落实情况？制定了哪些有针对性的措施？ 5. 地质情况允许某些井可以不装防喷器时，是否与未上市企业局级主管领导联合组织设计部门、双方主管井控和环保部门进行论证分析，评估风险，制定防范措施，明确这些井是否可以不装防喷器，领导签字或形成会议纪要报告，并双方遵照执行	
二、井控规章制度	1. 是否与管理局建立联席井控例会制度并开展工作？查看会议记录。 2. 是否对日常井控检查中存在的问题建立了"消项整改制"？ 3. 一年来，制定了哪些针对性的，尤其是针对"三高井"的井控制度和措施？ 4. 近年来，本油田建立了哪些井控管理制度	
三、井控日常管理	1. 是否和管理（勘探）局共同及时修订了本油田井控技术实施细则？ 2. 是否定期对管理（勘探）局及其以外队伍的井控工作进行检查？有无记录？对存在问题的跟踪整改情况？	

续表

序号及项目名称	检查（项目）内容	情况详细具体描述
三、井控日常管理	3. 对于"三高"油气井的施工，是否执行由建设方负责向处于警戒线范围内的当地群众进行必要的宣传和培训，并与当地政府联系、协调有关事宜？ 4. 是否掌握本油田中管理（勘探）局及其以外队伍的井控装备状况，有无记录？ 5. 是否明确钻开油气层前检查验收的参加人员和审批人员？ 6. 是否建立井喷事故应急体系和应急预案？是否进行演练？在有"三高井"的地区，是否建立由建设方组织进行企地联动的每年不少于1次的井喷事故应急演练制度？ 7. 本部门的应持井控证人员数量、实际持证人员数量、持证率、未持证的原因？是否掌握本油田中管理（勘探）局及其以外队伍的井控持证情况？未持证的原因？ 8. 是否对井筒设计单位的井控工作情况进行检查？ 9. 对井控巡视员提出建议的落实情况？有无记录？ 10. 是否了解本油田的主要井控风险，是否明确消减措施？ 11. 对上一年度井控检查中存在问题的消项整改结果？ 12. 一年来，在加强井控工作方面开展了哪些工作？有无记录	

受检单位（签字）：　　　　　　检查人（签字）：　　　　　　检查组组长（签字）

附表 1-5　管理（勘探）局职能管理部门检查内容

_____管理（勘探）局　　　　　　　　　　　　　　年　　月　　日

序号及项目名称	检查（项目）内容	情况详细具体描述
一、组织机构及职责	1. 是否建立局级井控管理组织机构？若建立提交文件。 2. 是否建立井控分级管理网络？是否明确各级井控岗位职责？ 3. 是否建立了井控工作专门管理部门，定员多少？如果没有，管理业务设在哪个部门？定员多少人？主管业务是？是否明确各岗位职责？ 4. 对集团公司上一年度安全环保座谈会精神落实情况。	

续表

序号及项目名称	检查（项目）内容	情况详细具体描述
一、组织机构及职责	5. 对集团公司一系列井控工作的文件特别是关于加强"三高"地区井控工作文件的落实情况？制定了哪些有针对性的措施？ 6. 地质情况允许某些井可以不装防喷器时，是否与上市企业局级主管领导联合组织设计部门、双方主管井控和环保部门进行论证分析，评估风险，制定防范措施，明确这些井是否可以不装防喷器，领导签字或形成会议纪要报告，并双方遵照执行	
二、井控规章制度	1. 是否与油（气）田分公司建立联席井控例会制度并开展工作？查看会议记录。 2. 是否建立了从管理层到操作岗位的井喷事故责任追究制度？ 3. 是否对日常井控检查中存在的问题建立了"消项整改制"？ 4. 一年来，制定了哪些针对性的尤其是针对"三高井"的井控制度和措施？ 5. 是否建立了现场施工安全监督制度？ 6. 本油田有哪些井控管理制度	
三、钻井监督制度	1. 是否建立安全监督管理机构和管理制度？ 2. 是否明确安全监督的岗位职责，尤其在井控工作方面的监督职责？ 3. 安全监督的持证情况（监督证、井控合格证）。 4. 监督人员配备情况（总数量、对应队伍的比例）	
四、井控日常管理	1. 是否和油（气）田分公司共同及时修订了本油田井控技术实施细则？ 2. 是否定期对钻井公司机关相关管理部门、钻井队伍、设计单位、井控车间、井控培训中心进行检查？有无记录？对存在问题跟踪整改情况？ 3. 是否每半年召开 1 次井控例会，检查、总结、布置井控工作？ 4. 是否明确钻开油气层前检查验收的参加人员和审批人员？ 5. 是否建立井喷事故应急体系和应急预案？是否进行演练？	

续表

序号及项目名称	检查（项目）内容	情况详细具体描述
四、井控日常管理	6. 本部门的应持井控证人员数量、实际持证人员数量、持证率、未持证的原因？是否掌握本油田队伍的井控持证情况？未持证的原因？ 7. 对井控巡视员提出建议的落实情况？有无记录？ 8. 是否了解本油田的主要井控风险，是否明确消减措施？ 9. 是否掌握本油田的井控培训情况？是否要求从事钻井设计、管理、指挥、操作的各层次、各岗位人员以及从事录井、测井、固井、定向井服务的人员均要参加井控培训，持证上岗？ 10. 对上一年度井控检查中存在问题的消项整改结果？ 11. 一年来，在加强井控工作方面开展了哪些工作？有无记录	

受检单位（签字）： 检查人（签字）： 检查组组长（签字）：

附表 1-6 钻井公司职能管理部门检查内容

_____管理（勘探）局_____公司 年 月 日

检查（项目）内容	情况详细具体描述
1. 是否建立井控管理组织机构？ 2. 是否建立井控分级管理网络？是否明确各级井控岗位职责？ 3. 是否每季度召开 1 次井控例会检查、总结、布置井控工作？ 4. 对管理（勘探）局井控工作文件及制度特别是关于加强"三高"地区井控工作文件的落实情况？制定了哪些有针对性的具体措施或办法？ 5. 一年来，组织了多少次、多少井次的井控检查？对井控检查中存在问题是否负责跟踪进行消项整改？ 6. 是否建立公司级井喷事故应急体系和应急预案，是否进行了演练？ 7. 是否落实本油田井控实施细则？ 8. 对"三高井"施工的具体井控管理办法或措施制定情况。 9. 是否掌握本单位井控风险及防范措施？提问部分人员。 10. 本部门的应持井控证人员数量、实际持证人员数量、持证率、未持证的原因？是否掌握本单位队伍的井控持证情况？未持证的原因？ 11. 是否掌握本单位井控装备状况？有无记录？ 12. 一年来，在加强井控工作方面开展了哪些工作？有无记录	

受检单位（签字）： 检查人（签字）： 检查组组长（签字）：

附表 1-7　钻井队现场管理井控九项管理制度检查内容

单位_____　作业区域_____　钻井队_____井号　_____　　　年　月　日

序号及项目名称	检查（项目）内容	检查结果描述
一、井控分级责任制度	1. 井队干部是否掌握井队的井控职责，相关岗位是否明白本岗位井控职责？ 2. 是否针对重点井或复杂井或特殊生产环节制定了针对性的井控工作措施？ 3. 上级组织对本队井控检查有无记录，提出了哪些问题，整改情况如何	
二、井控操作证制度	1. 实际持证人数是否达到要求？ 2. 随机抽查各岗位人员进行面试或进行书面考试，检查培训质量。 3. 综合录井技术人员持证情况	
三、井控装备安装、检修、试压、现场服务制度	1. 井控设备的管理是否定岗定人？ 2. 井控设备的检查保养及按规定的各次试压（包括井口装置、控制系统、压井及放喷管线）是否落实？有无记录？ 3. 井控装置是否符合井控设计要求？ 4. 防喷器是否按规定回厂检验	
四、钻开油气层的申报、审批制度	查看本井或上一口井钻开油气层的申报和审批表，内容是否齐全，是否有甲乙双方相关人员签字	
五、防喷演习制度	1. 是否定期开展各种不同工况的演习？现场历次的防喷演习是否有记录？ 2. 防喷演习记录中时间、内容、参加人员及总结等是否齐全翔实？ 3. 在现场进行一次防喷演习，检查各岗位是否按标准要求操作？各岗位动作是否正确熟练，是否在规定时间内实现关井？讲评是否具有针对性	
六、坐岗制度	1. 是否配备坐岗房？ 2. 是否在进入油气层前 100m 开始坚持坐岗？ 3. 坐岗记录内容是否科学合理？是否有钻井液液面变化原因分析	
七、钻井队干部 24h 值班制度	1. 干部是否坚持值班？交接班的内容是否清楚？是否有记录并签字？ 2. 值班过程中，是否发现过井控工作的违章行为或事故隐患，是否跟踪解决	
八、井喷事故逐级汇报制度	1. 井喷事故发生后是否及时上报？ 2. 井喷事故发生后有无准确真实记录？ 3. 现场人员是否知道发生井喷事故应向哪里汇报？汇报哪些内容？ 4. 是否有相关管理部门和急救抢险部门的联系地址	

序号及项目名称	检查（项目）内容	检查结果描述
九、井控例会制度	1. 是否按规定召开井控例会？查看记录。 2. 是否把井控工作作为每次安全检查的重要内容？ 3. 对"三高"井施工是否召开专门会议安排部署井控特殊措施	

受检单位（签字）：　　　　检查人（签字）：　　　　检查组组长（签字）：

附表 1-8　钻井队施工现场检查内容

_____管理（勘探）局_____作业区域_____钻井队_____井号　　　年　月　日

序号及项目名称	检查（项目）内容	检查结果具体描述
一、设备布置与现场管理	1. 作业井井场是否满足作业设备摆放的要求及放喷管线安装的要求？ 2. 是否设置明显的风向标、防火防爆等各类安全标志和逃生通道？是否在不同方向上划定两个紧急集合点？ 3. 井场设备的布局是否考虑防火的安全要求？ 4. 值班房、发电房、锅炉房等摆放是否满足细则要求？ 5. 钻台、油罐区电气设备安装是否符合防爆要求？防爆电器安装是否存在不隔爆现象？ 6. 放喷池是否符合细则要求？ 7. 井场上是否有可随时联络的通信设备及相关管理、救援、报警等部门通信地址？ 8. 上一年度井控检查中存在问题是否重复出现	
二、井控知识	1. 现场提问不同岗位的 2~3 个职工，或现场进行书面考试，了解职工对各岗位井控职责掌握情况以及其井控知识水平。 2. 现场提问井队干部，是否掌握施工区块、施工井的井控风险以及应采取防范措施。 3. 现场提问钻井安全监督，是否掌握施工井的井控风险、易存在的井控隐患、日常监督的重点。 4. 是否进行井控知识的现场培训，内容有哪些？是否有记录	
三、应急管理	1. 井队是否建立井喷事故和环境污染事故应急预案？是否进行演练？高含硫井是否有周边群众的联系方式并进行过联动演习？ 2. 钻井现场的地质录井、测井、固井人员是否了解本岗位的井控职责？是否和钻井队在防喷和应急中配合默契	

序号及项目名称	检查（项目）内容	检查结果具体描述
四、硫化氢防护	1. 含硫地区井，是否生产班每人 1 套正压式空气呼吸器，另配一定数量作为公用？ 2. 含硫地区，井场是否有固定式硫化氢监测仪、配有 5 套以上便携式硫化氢监测仪？ 3. 硫化氢检测和防护设施是否及时标校和保养？ 4. 是否按设计要求提前准备好压井液、除硫剂及其他应急抢险物资？ 5. 在操作台上、井架底座周围是否使用防爆通风设备？ 6. 高含硫、高压地层井是否安装剪切闸板？ 7. 硫化氢应急预案是否经过审查（由生产经营单位审查）？ 8. 含硫地区或新构造上的预探井，是否按照硫化氢应急预案进行演练？ 9. 是否有专职安全监督？ 10. 各种应急救援预案是否齐全且可操作性强？ 11. 含硫地区进行作业前，是否进行专门的安全防护培训、井控及应急救援演练	
五、防喷器、井口四通	1. 防喷器的组合配套是否符合设计？ 2. 防喷器是否按规定试压、有无试压记录？ 3. 防喷器安装是否用 16mm 钢丝绳固定，是否装有钻井液伞？ 4. 防喷器现场开关是否灵活好用？ 5. 防喷器及四通连接螺栓是否齐全，固定是否牢靠？ 6. 闸板防喷器手动锁紧杆是否齐全，支撑是否可靠？是否挂牌标明开关方向和到底圈数？ 7. 套管头型号和压力等级是否符合设计要求并试压合格	
六、节流管汇、压井管汇、放喷管线	1. 压井管汇、节流管汇的压力等级是否与防喷器一致？ 2. 各种阀门是否按规定挂牌编号，开关状态是否符合要求，开关是否灵活？ 3. 压井管汇、节流管汇及放喷管线连接螺栓是否齐全，扭紧？ 4. 放喷管线是否按 10～15m 1 个水泥基墩加地脚螺栓的要求固定？ 5. 钻井液回收管线、放喷管线长度和方向是否符合细则要求？是否内径不小于78mm？ 6. 压井、节流、放喷系统是否按规定试压，有无记录？ 7. 放喷管线转弯夹角是否符合要求，弯头是否使用锻钢或铸钢？管线长度是否符合细则要求？ 8. 压力表是否齐全、灵敏，量程是否满足要求，是否在校验期内？	

序号及项目名称	检查（项目）内容	检查结果具体描述
六、节流管汇、压井管汇、放喷管线	9. 钻井液回收管线固定是否牢靠，内径、转弯夹角是否符合要求？ 10. 内控管线控制闸阀是否接出井架底座外？ 11. 压井管汇是否装有单流阀和压井短节？ 12. 节流管汇、压井管汇及放喷管线是否采取相应的防堵、防冻措施，管线是否畅通？ 13. 是否挂牌标注最高关井压力值	
七、控制系统	1. 司钻控制台和远程控制台位置是否按要求合理摆放？ 2. 控制系统周围有无易燃易爆物品？ 3. 液压管线接头、阀门密封是否良好，有无滴漏？ 4. 司钻控制台和远程控制台日常各手柄的位置是否符合本油气田井控实施细则的规定？ 5. 电动泵和气动泵运转是否正常，有无泄漏？ 6. 远程控制台的气源是否单独接出并控制，气源压力是否达到要求（0.65~0.8MPa）？ 7. 储能器压力是否满足 17.5~21MPa，环型防喷器压力是否满足 10.5MPa，管汇压力是否满足 10.5MPa？ 8. 远程控制台电源线是否从发电房单独接出并控制？ 9. 钻机底座下的液压控制管线是否达到防火要求？ 10. 控制系统液压管线有无渗漏，是否安装过车板？ 11. 自动调节开关是否正常？自动停泵、自动启动的压力是否在规定控制压力范围内？ 12. 油箱液面是否在标准油限以上？ 13. 液压油是否符合使用要求？ 14. 储能器胶囊充氮压力是否在（7±0.7）MPa 范围内	
八、内防喷工具	1. 是否装有方钻杆上、下旋塞，转动是否灵活？有无开关专用工具？ 2. 钻台上有无与钻具尺寸一致的备用钻具止回阀，是否备有抢装工具	
九、井控监测仪器、仪表	1. 是否安装钻井液面报警仪，是否灵敏可靠？ 2. 若有地质录井，是否安装出口流量计，是否灵敏可靠	
十、除气、加重装置	1. 除气器运转是否正常，管线接出距离是否符合要求？ 2. 有无液气分离装置，安装是否符合要求，是否有自动点火装置？ 3. 循环系统净化装置运转是否正常？ 4. 加重装置运转是否正常，加重漏斗有无堵塞	

续表

序号及项目名称	检查（项目）内容	检查结果具体描述
十一、井控物资储备	1. 储备重钻井液和加重材料数量和性能是否符合设计要求，是否挂牌标注？ 2. 储备重钻井液是否定期循环，管线是否畅通	
十二、电路及消防防施	1. 照明电路、动力电路、电器安装是否符合安全用电、防火、防爆标准？ 2. 探照灯是否专线控制？ 3. 消防工具是否齐全，有无专人保管，灭火器是否在有效期	
十三、欠平衡钻井装备	1. 旋转防喷器压力等级是否符合设计要求？ 2. 地面管汇安装布局是否合理？ 3. 职工是否了解欠平衡尤其是气体钻井的井控基本知识	

受检单位（签字）：　　　　　　检查人（签字）：　　　　　　检查组组长（签字）：

附表 1-9 _____ 井控车间检查内容

检查（项目）内容	检查结果具体描述
一、井控车间的情况 井控车间人员的配备、组织结构、维修安装能力、井控设备动态	
二、新购置的井控设备是否有质量验收标准	
三、井控设备维修、保养质量及检验制度是否建立	
四、是否有井控设备现场安装标准	
五、是否有井控设备报废标准	
六、是否有专职检验人员？有几名	
七、防喷器是否编号建档？运行记录是否齐全	
八、井控设备维修能力的配备情况 1. 试压条件 2. 提升设备 3. 车间面积和场地	
九、井控设备橡胶件及其他配件的储备及保管情况（恒温、避光）？是否过期失效	
十、防喷器试压是否符合规定要求（试压稳压时间不少于 10min，压降不大于 0.7MPa，密封部位无渗漏）	
十一、井控车间各岗位人员的岗位责任制是否建立	

续表

检查（项目）内容	检查结果具体描述
十二、是否建立了井控设备进站、安装、试压、出站、回收一条龙服务	
十三、井控车间人员是否按规定持有井控合格证	

受检单位（签字）：　　　　　检查人（签字）：　　　　　检查组组长（签字）：

附表 1-10　　　　　　　　　　　　　　　　井控培训中心检查内容

检查项目	检查内容	检查结果具体描述
一、基本情况	1. 了解机械设置、人员配备、培训能力和范围等。 2. 教学设备配备、场地是否满足井控培训的需要？ 3. 了解已培训人数和发证人数的情况。 4. 了解每年井控培训的投资情况	
二、教师	1. 教师的配备人数是否满足需要？ 2. 教师的素质是否满足要求？ 3. 教师是否取得井控培训证书？ 4. 了解教师学历、职称、工龄、现场经验、教学年限等	
三、教具配备情况	1. 是否有实验井，可否进行模拟井喷实际操作训练？ 2. 是否有井控模拟装置？ 3. 是否实现多媒体电子化教学？ 4. 图表、模型、幻灯片、录像、实物备件等是否齐全	
四、教材	1. 使用何种教材，插件是否齐全生动？ 2. 是否编有适合本油田实际情况的教材补充内容？ 3. 培训中有无井喷失控案例内容？ 4. 是否建立了井下作业井控培训考试题库，题库内容是否全面？ 5. 有无井下作业井控培训教材	
五、教学管理制度	1. 培训点各岗位人员的岗位责任制是否健全？ 2. 采取何种培训方式？ 3. 是否严格按培训考核结果进行井控合格证的发放？ 4. 是否对培训人员、考卷、考核结果、井控证发放等资料进行计算机管理？ 5. 是否按不同工种进行分层次培训？目前采用何种方法来提高培训质量	

受检单位（签字）：　　　　　检查人（签字）：　　　　　检查组组长（签字）：

附表 1-11　钻井地质、钻井工程设计检查内容

单位_____设计单位_____　　　　　　　　　　　　　年　　月　　日

序号及项目名称	检查（项目）内容	检查结果	备　注
一、设计单位	1. 设计部门是否是专职设计部门，是否取得设计资质？ 2. 设计人员是否具有专业知识和现场经验？ 3. 设计手段是否采用先进的计算机设计软件？ 4. 设计规定和标准是否齐全，是否认真贯彻执行？ 5. 设计人员的井控合格证持证情况？ 6. 一般井的地质工程设计的设计人员是否具有现场工作经验和相应专业中级技术职称，高压高含硫油气井的地质工程设计的设计人员是否具有现场工作经验和相应专业高级技术职称		
二、地质设计	1. 是否标注井场一定范围内的居民、工业、农业、国防及民用设施、道路、水系、地形地貌等情况？ 2. 是否提供较准确的全井段地层压力、地层破裂压力曲线（三高井同时提供坍塌压力曲线）、有毒有害气体含量、浅气层、浅部淡水层和开发区块注水井分布及分层动态压力资料？ 3. 调整井施工是否对邻近注水井采取了相应地停注泄压措施？ 4. 是否提供本区块地质构造图（包括全井段的断层分布）、邻井井身结构、水泥返高、固井质量等资料？ 5. 固井设计是否明确要采用先进的测井技术进行固井水泥胶结质量评价？ 6. 是否提供合理的钻前工程井场布置，能否满足井控安全要求		
三、工程设计	1. 是否明确表层套管下深应满足井控安全，封固浅水层、疏松地层、砾石层的要求，且表层套管坐入稳固岩层应不少于 10m，水泥返至地面？ 2. 是否明确当裸眼井段不同压力系统的压力梯度差值超过 0.3MPa/100m，或采用膨胀管等工艺措施不能解除严重井漏时，应下技术套管封固？		

序号及项目名称	检查（项目）内容	检查结果	备 注
三、工程设计	3. 是否明确技术套管的材质、强度、扣型、管串结构设计应满足封固复杂井段、固井工艺、井控安全及下一步钻井中应对地层不同流体的要求？是否明确"三高井"的技术套管固井水泥应返至上一级套管内或地面？ 4. 是否明确油层套管的材质、强度、扣型、管串结构设计应满足固井、完井、井下作业、油（气）生产的要求，水泥返高应满足要求？是否明确"三高井"的油（气）层套管和固井水泥应具有抗酸性气体腐蚀能力，固井水泥应返至上一级套管内？ 5. 井控装备的设计是否满足要求？"三高井"的井控装备是否在常规井控设计的基础上，提高一个级别？ 6. "三高井"的防喷器累计上井使用时间是否不超过 7 年？ 7. 钻井液密度的设计是否合理？ 8. 设计钻井液储备和加重材料储备是否满足钻开油气层的井控要求？ 9. 本井钻开油气层是否有针对性的井控措施？ 10. 工程设计是否依据地质设计提出井控、安全环保要求？ 11. 欠平衡钻井作业是否有相应的井控安全措施？ 12. 设计进行更改时，是否严格执行了审批程序和制度？有无擅自更改设计的情况		
四、设计、审核、审批人员持证情况	1. 设计、审核、审批人员是否持有有效的井控证？ 2. 高压、高含硫油气井的设计是否由具有相应专业教授级技术职称或本企业企业级以上的技术专家审核，由油田公司（局）总工程师或技术主管领导负责批准？ 3. 一般的作业施工井是否由具有相应专业高级技术职称的技术人员审核，由油田公司（局）指定的专业部门总工程师或技术主管领导负责批准		

受检单位（签字）：　　　　　　　　检查人（签字）：　　　　　　　　检查组组长（签字）：

附件2　钻井队作业现场井控检查表

附表 2-1　井控检查表

施工井队：　　　　　　　　　　　　　　　　　　　　　　　　　检查日期：

序号	设备名称	检查要求标准	存在问题	整改要求
1	防喷器组	手动操作杆安装与固定牢靠		
		防喷器固定牢固		
		防喷器液路部分密封良好		
		防喷器开关位置正常		
		半封闸板尺寸与使用钻具匹配		
		防喷器的清洁情况符合要求		
2	放喷管线	连接和固定满足要求		
		放喷管线固定及长度符合要求		
		管汇及管线畅通		
3	节流、压井管汇	各闸阀处在正常的开关位置		
		各连接处牢固、齐全（包括仪表，液、气路管线等）		
		节流、压井管汇畅通		
		节流管汇坑的排水良好		
		清洁情况良好		
4	液气分离器	仪表齐全完好		
		阀手动和气动开关动作情况良好		
		安全阀能够手动开启和复位		
		分离器钻井液排出管与钻井液循环罐固定牢固		
		设备清洁情况良好		
5	远程控制台	储能器、管汇、环形防喷器控制压力符合规定		
		电、气源畅通，管线走向安全		
		各换向手柄处于正确的位置		
		液、气压管路连接牢固，密封良好		
		电泵、气泵工作正常		
		油箱内有足够的液压油		
		全封闸板换向阀手柄限位		

续表

序号	设备名称	检查要求标准	存在问题	整改要求
5	远程控制台	管排架液压管线连接牢固，密封良好		
		气管缆沿管排架边的专用位置排放		
		周围未堆放易燃、易爆、腐蚀性等物品，并有方便操作、维护的人行通道		
6	司钻控制台	气源畅通		
		储能器管汇、环形二次仪表的压力显示符合规定		
		各处连接牢固、密封良好		
		位置指示显示的开、关位置与实际位置一致		
		防喷器和钻机气路联动安全装置动作准确		
		阀件手柄未挂任何物品，方便操作		
7	节流控制台	气源畅通		
		气泵、手压泵工作正常		
		油箱内有足够的液压油		
		各油、气路连接牢固，密封良好		
		换向阀灵活、复位好		
		节流阀阀位开度表反映的节流阀开关位置正确		
		泵冲计数器、传感器及电缆安装安全，工作正常		
		能够排出分水滤气器内的积水		
8	防喷工具	方钻杆上、下旋塞灵活好用、备有2套、压力与井口一致		
		钻杆回压阀与钻杆匹配、配有抢接工具		
		防喷单根立于坡道、标识醒目		
		各内防喷工具及时就位、标识醒目		
9	H_2S器具配套	正压式空气呼吸器15套		
		充气机1台		
		大功率报警器1套		
		备用气瓶不少于5个		
		按大小班人员实际配备便携式监测仪共15个		

序号	设备名称	检查要求标准	存在问题	整改要求
9	H$_2$S 器具配套	配备固定式硫化氢检测报警器 1 台，探头应分别安装在钻台上、钻台下园井、振动筛槽、钻井液罐和房区，共 4~6 个以上探头		
		专用气房配备情况		
10	有资质单位检测合格证书	便携式监测仪在有效期内（半年）		
		固定式在有效期内（1 年）		
		井控防硫人员持证在有效期内		
11	冬季施工准备与实施情况	建立并完善冬季施工领导机构，责任区由井队统一管理		
		与录井、供热、技服等单位建立了以井队为安全责任主体的安全协议，责任区划分明确，责任落实到岗、到人		
		制定冬季施工措施，内容应包括冬季施工组织机构、物质准备、控制点防冻措施、设备保养、开关及气路灵活畅通等内容		
		防砂蓬搭建及准备到位		
		防冻保温控制点控制到位、有效		
		冬季施工物质准备充分、到位		
		设备保养及时、闸阀开关灵活		
		项目部及时进行了自检自查		
12	井控管理	建立井控领导小组，落实责任，对井控风险进行识别、建立风险预案，井控技术措施齐全，并进行交底，关井操作程序、溢流预兆粘贴于值班室		
		四通两翼闸阀开关正确，紧靠四通闸阀处于常开状态		
		节流、压井管汇闸阀开关正确、活动灵活、挂牌编号		
		压力表齐全、灵敏，量程满足要求		
		放喷管线至少 2 条，不允许现场焊接；出口距离符合设计、连接、固定要求；按规定进行试压		
		远程控制台周围 10m 不得堆放易燃、易爆物品，手柄位置正确并挂牌，开关灵活、密封可靠，气源、蓄能器（19~21MPa）、管汇		

序号	设备名称	检查要求标准	存在问题	整改要求
12	井控管理	远程控制台上面蓄能器、管汇和环形防喷器等表压符合规定值，规定油限内，液压油合格		
		司钻控制台气源畅通，二次仪表的压力显示符合规定，压力值与远程控制台的实际压力一致		
		节流控制台仪表阀位开度表节流阀开关位置正确，油路、气路固定牢固、密封良好		
		内防喷工具定点摆放，压力不小于井口防喷器工作压力，上下旋塞、钻具止回阀配置到位，醒目标识，防喷单根带有钻具回压阀，立于大门坡道，醒目标识		
		井控演习每周 1 个班组至少 1 次，每月 4 种工况下全部进行，在规定时间完成，空井 2min；钻进 3min；起下钻杆 4min；起下钻铤 5min，演习现场所有人员参加，对演习进行综合评价		
		适合各类钻铤与钻杆转换接头摆放钻台		
		气体分离器采用 8in 标准管线、法兰连接，接出井口 50m 以外		
		加重装置、灌钻井液装置运转正常、可靠		
		液面报警器齐全、灵敏可靠		
		防喷器组、管汇、控制台、液气分离器按照要求进行检修，并提供书面检修合格报告；安装试压及保养记录齐全		
		钻开油气层前井队组织井场所有人员应进行 1 次井控防火演习和防 H_2S 演习，并检查落实情况		
		钻进至含硫地层前应将二层台、钻台周围设置的防风护套和其他围布拆除		
		按照设计要求储备足够的加重钻井液和加重剂，并对储备的加重钻井液定期进行循环处理		

序号	设备名称	检查要求标准	存在问题	整改要求
12	井控管理	钻台和二层台应按规定安装二层平台逃生器和钻台与地面专用逃生滑道及逃生通道，逃生通道至少应 2 条		
		建立井队干部 24h 值班制度，负责检查、监督各岗位严格执行井控责任制		
		动火制度符合分公司规定，票据齐全		
		井场、钻台、油罐区、机房、泵房、危险品仓库、净化系统、电气设备等处应有明显的安全标志牌，并应悬挂牢固		
13	H$_2$S 防护	建立 H$_2$S 防护设备台账，定期校验便携式检测仪、固定式检测仪		
		针对冬季施工，制定 H$_2$S 防护预案		
		定期进行 H$_2$S 防护演习，演习全员参与，记录齐全，评价准确		
		风向标数量不少于 5 个，保证灵活、好用		
14	井控及现场抽查情况	在规定时间完成，信号准确，人员跑位及时、到位，录井、技服、热力全员参与，H$_2$S 防护设备穿戴规范，现场搜救范围到位，演习评价准确、到位		
15	其他	人员资质（井场所有人员）：井控、H$_2$S、HSE、特种作业、安全管理资格证（井队长、生产副队长、安全员）		
		主要人员配置与倒休满足要求		
		冬季生产交通安全制度		
		制定环境保护措施，包括固液废料及生活垃圾处理措施		
		消防器材配备符合要求，校验合格，野营房区配备一定数量的消防器材		
		井场电器防爆、接地规范		
16	存在的其他问题：			
17	检查人员：			
18	钻井队负责：			

参 考 文 献

［1］孙振纯，等．井控技术．北京：石油工业出版社，1997.

［2］孙振纯，等．井控设备．北京：石油工业出版社，1997.

［3］《石油天然气钻井井控》编写组．石油天然气钻井井控．北京：石油工业出版社，2008.

［4］集团公司井控培训教材编写组．钻井技术、管理人员井控技术．青岛：中国石油大学出版社，2013.

［5］中国石油勘探与生产分公司工程技术与监督处．钻井监督（上下册）．北京：石油工业出版社，2005.

［6］李强，高碧桦，等．钻井作业硫化氢防护．北京：石油工业出版社，2006.

［7］王华．井控装置实用手册．北京：石油工业出版社，2008.